8e S....
11423

SOCIÉTÉ D'AGRICULTURE, SCIENCES ET INDUSTRIE
DE LYON

Séance du 19 Novembre 1908

L'EXODE DU MONTAGNARD

ET

LA TRANSHUMANCE DU MOUTON

EN FRANCE

PAR

M. L.-A. FABRE

Inspecteur des Eaux et Forêts.

LYON

A. REY & Cⁱᵉ, IMPRIMEURS-ÉDITEURS

4, RUE GENTIL, 4

1909

SOCIÉTÉ D'AGRICULTURE, SCIENCES ET INDUSTRIE
DE LYON

Séance du 19 Novembre 1908

L'EXODE DU MONTAGNARD

ET

LA TRANSHUMANCE DU MOUTON

EN FRANCE

PAR

M. L.-A. FABRE

Inspecteur des Eaux et Forêts.

8 S

11423

LYON

A. REY & Cⁱᵉ, IMPRIMEURS-ÉDITEURS

4, RUE GENTIL, 4

1909

.

DU MÊME AUTEUR

Le Parc et les Collections du Château de Balcine (Allier). *(Revue des Eaux et Forêts*, 15 octobre 1897.)

Sur le déplacement vers l'Est des Cours d'eau qui rayonnent du Plateau de Lannemezan. *(Comptes rendus de l'Académie des Sciences*, 18 juillet 1898.)

Les Landes de Lannemezan, leur origine, leur évolution, leur avenir. *(Bulletin de la Société Ramond*, septembre, 1898.)

Le Plateau de Lannemezan, ses landes, ses forêts. *(Bulletin de la Société des Amis des Arbres*, n° 24, 1898.)

Le Plateau de Lannemezan et les inondations sous-pyrénéennes. *(Bulletin de la Société Ramond*, 1899.)

Les Érosions torrentielles et subaériennes sur les Plateaux des Hautes-Pyrénées (en collaboration avec M. E. Marchand). *(Compte rendu du Congrès des Sociétés savantes* (Sciences), Toulouse, 1899.)

Les Landes et les Futaies-Plantées sur les plateaux des Hautes-Pyrénées. *(Compte rendu du Congrès International de Sylviculture*, Paris, 1900.)

Les Ensablements du littoral gascon et les érosions sous-pyrénéennes. *(Compte rendu de l'Académie des Sciences*, 23 juillet 1900.)

Mémoire sur les plateaux des Hautes-Pyrénées et les dunes de Gascogne. *(Compte rendu VIIIᵉ Congrès International de Géologie*, 1900.)

Notes pyrénéennes à la suite des excursions organisées par le Congrès géologique international de 1900. *(Bulletin de la Société Ramond*, 1901.)

L'Érosion pyrénéenne et les alluvions de la Garonne. *(Annales de Géographie*, XI, 1902.)

Garonne. Pyrénées. *(La Garonne navigable*, 1902.)

Forêts et Navigabilité en Gascogne. *(La Petite Gironde*, 1902.)

L'Adour et le Plateau landais. *(Bulletin de Géographie historique et descriptive*, n° 2, 1901.)

La Magnétite pyrénéenne dans les sables gascons. *(Bulletin de Géographie historique et descriptive*, n° 1, 1902.)

Sur le Courant et le littoral des Landes. *(Compte rendu de l'Académie des Sciences*, 15 décembre 1902.)

Châtaigniers et chênes malades. *(Bulletin de la Société forestière de Franche-Comté et Belfort*, juin, 1901.)

Budget. Reboisement. *(Bulletin de la Société forestière de Franche-Comté et Belfort*, juin, 1902.)

Le premier Congrès du Sud-Ouest navigable, *(Ibid.*, décembre, 1902.)

La Lutte pour et contre l'Eau. *(Compte rendu I⁰ʳ Congrès du Sud-Ouest navigable*, Bordeaux, 1902.)

Une Fête de l'Arbre dans les Pyrénées. Boisement et mise en culture de landes. *(Revue des Eaux et Forêts*, 1902-1903.)

Recherches sur le Ruissellement superficiel. *(Compte rendu du II⁰ Congrès du Sud-Ouest navigable*, Toulouse, 1902.)

Le Reboisement et l'Enseignement scolaire. *(Bulletin de la Société forestière de Franche-Comté et Belfort*, janvier, 1903.)

L'idée forestière sur le versant septentrional des Pyrénées. *(Bulletin de la Société Ramond*, 1902.)

Le II⁰ Congrès du Sud-Ouest navigable à Toulouse, 1903. *(Revue des Eaux et Forêts*, 1903.)

Les Galets des plages gasconnes. La pénéplaine landaise. *(Bulletin de Géographie historique et descriptive*, nᵒ 2, 1903.)

La Dissymétrie des vallées et la loi de De Baër, particulièrement en Gascogne. *(La Géographie*, nᵒ 5, 1903.)

Sur la Dissymétrie des vallées et la loi dite de De Baër. *(Compte rendu de l'Association Française pour l'Avancement des Sciences*, Angers, 1903.)

Sur le Glaciaire de la Garonne. *(Compte rendu de l'Académie des Sciences*, 28 décembre 1903.)

Boisements, irrigations, barrages-réservoirs. *(Actes du VII⁰ Congrès International d'Agriculture*, Rome, 1903.)

L'Enseignement sylvo-pastoral. *(Ibid).*

Le Glaciaire de la Garonne et la dispersion sous-marine du cailloutis pyrénéen *(Bulletin de la Société de Géographie de Toulouse*, nᵒ 1, 1904.)

L'Association pour l'Aménagement des Montagnes dans les Pyrénées. *(Revue des Eaux et Forêts*, août 1904. — *Bulletin de la Société forestière de Franche-Comté et Belfort*, septembre, 1904. — *La Géographie*, 1905.)

Les Incendies pastoraux et les Associations dites forestières dans les Hautes-Pyrénées. *(Compte rendu du III⁰ Congrès du Sud-Ouest navigable*, Narbonne, 1904.)

Gisements de houille blanche et Protection du sol. *(Compte rendu de l'Association Française pour l'Avancement des Sciences*, Grenoble, 1904.)

La Houille blanche et l'armature végétale du sol. *(Bulletin de la Société Ramond*, 1904.)

Le Sol de la Gascogne (couronné par la Société de Géographie de Paris. *(La Géographie*, avril-mai-juin, 1905.)

La Végétation spontanée et le Régime des Eaux. *(Revue Bourguignonne de l'Université de Dijon*, 1905.)

La Houille blanche, ses affinités physiologiques. *(Compte rendu du Congrès International des Mines et de la Géologie appliquée*, Liège, 1905.)

Sur les Associations fruitières dans le département des Hautes-Pyrénées. *(Compte rendu du IIe Congrès International de Laiterie*, Paris, 1905.)

La Végétation spontanée et la salubrité des eaux. *(Compte rendu de l'Académie des Sciences*, 25 septembre 1905.)

Le Reboisement comme protection des nappes aquifères en quantité et en qualité. *(Compte rendu du Ier Congrès des Ingénieurs hygiénistes municipaux*, Paris, 1905.)

L'Achèvement de la Restauration des montagnes en France. *(Compte rendu du Ier Congrès de l'Association pour l'Aménagement des montagnes*, Bordeaux, 1905.)

La Dénudation montagneuse au point de vue agricole et hygiénique. *(Compte rendu du IVe Congrès du Sud-Ouest navigable*, Béziers, 1905.)

La Végétation spontanée, la fertilité et la salubrité des eaux du Sol. *(Revue Bourguignonne de l'Université de Dijon*, 1906.)

Les Dérivations à l'idée du reboisement des montagnes. *(Compte rendu du Ve Congrès du Sud-Ouest navigable*, Bergerac, 1906.)

Le Mouvement sylvo-pastoral et le programme agro-socialiste en France. *(Compte rendu du IIe Congrès de l'Association pour l'aménagement des montagnes*, Pau, 1906.)

Elaboration des sources par les montagnes et les forêts. *(La Nature*, 18 août 1906.)

Les Tourbières et la Nitrification intensive. *(Bulletin de la Société forestière de Franche-Comté et Belfort*, septembre, 1906.)

Le Captage industriel de l'Azote atmosphérique et le Mouvement sylvo-pastoral. *(Revue des Eaux et Forêts*, décembre, 1906.)

La Protection du Sol. *(Revue Bourguignonne de l'Université de Dijon*, 1907.)

La Restauration des montagnes et la Navigation intérieure en France. *(Rapport au Ier Congrès national de Navigation intérieure*, Bordeaux, 1907.)

L'Eau pure des Alpages. *(La Nature*, 27 juin 1908.)

L'Exode montagneux en France ; causes physiographiques, culturales, etc., les remèdes. Congrès des Sociétés Savantes de 1908. *(Bulletin de Géographie historique et descriptive*, n° 2, 1908).

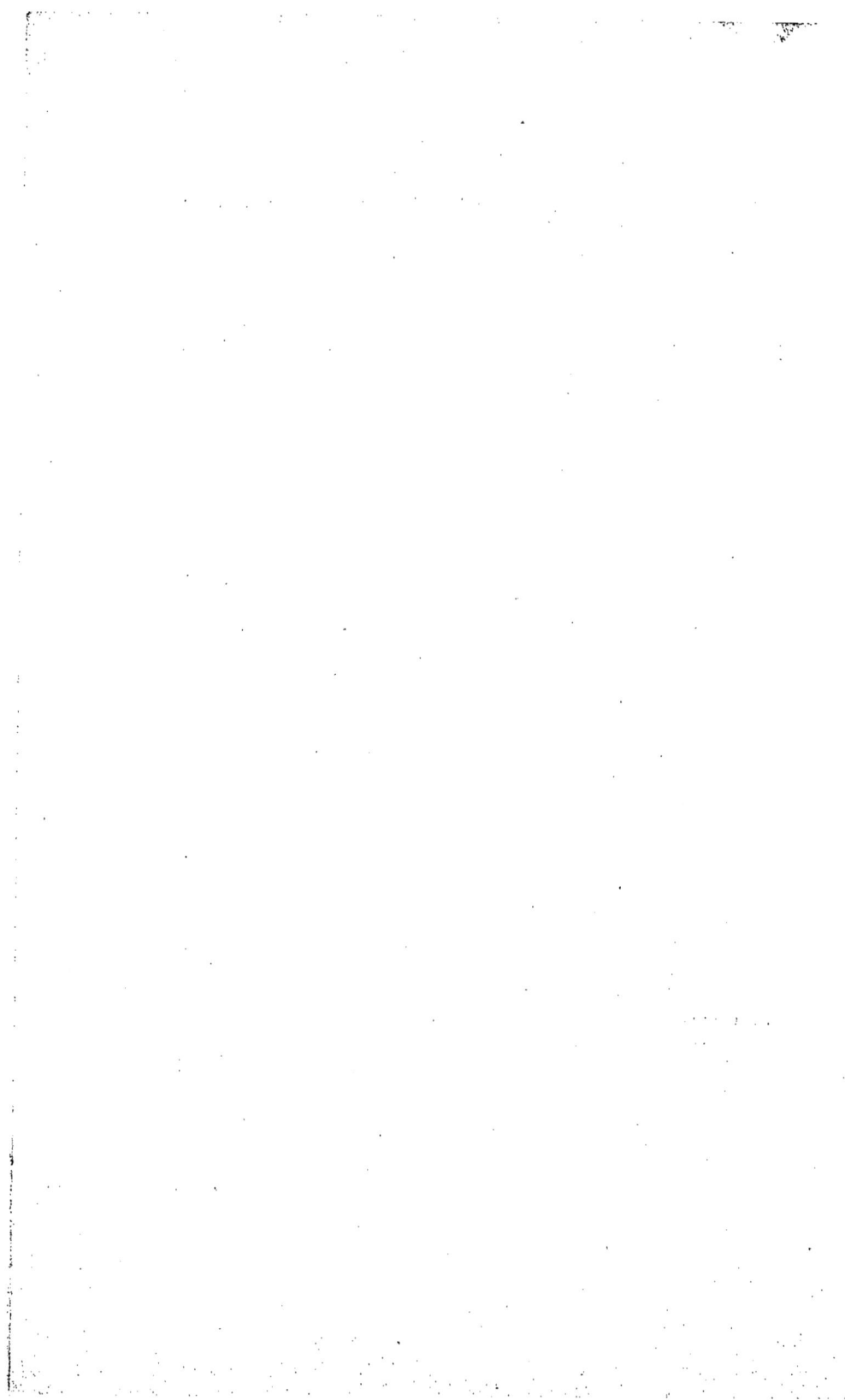

L'EXODE DU MONTAGNARD

ET

LA TRANSHUMANCE DU MOUTON

EN FRANCE

Une cause essentielle, tangible, de l'exode rural, la dégénérescence culturale du sol, n'a jamais été que très superficiellement envisagée. Comment persister à vivre dans des pays à ce point désertisés, que le sol ulcéré outre mesure, n'y produit plus ni bois ni herbages? Or, surtout en montagne, la culture pastorale extensive, uniquement en quête de profits personnels, présents ou prochains, engendre toujours cette dégénérescence par l'érosion torrentielle, par l'avalanche ou par l'aridité. Certaines de nos hautes vallées françaises, peuplées jadis, se sont ainsi vidées; d'autres se dépeuplent tous les jours.

Les collectivités montagnardes parmi lesquelles nul n'est responsable de la gestion du bien commun, confient cette gestion au plus offrant des intermédiaires : celui-ci, fréquemment étranger au pays, exploite les pelouses sans aucun contrôle, avec des troupeaux de moutons qui transhument au loin, suivant les saisons, de la montagne à la plaine et inversement. Ces troupeaux finissent par semer le désert derrière eux, mais ils rapportent encore à leurs propriétaires, des profits personnels très enviés.

Les montagnards fatalement expulsés de chez eux par les moutons qui ne tardent pas à y être affamés, ne pâtissent pas seuls de ce pillage économique du sol. Le pays tout entier et l'Etat en sont des victimes immédiates. Le pays aussi peu informé que gardé, se trouve, à son insu, privé des profits impersonnels et sociaux, à plus ou moins long terme, que vaut toujours une montagne armée et parée de bois et de pelouses, à la plaine cultivée et peuplée qu'elle abrite et fertilise. Pour l'Etat qui en France, n'a su ou voulu se ménager dans la gestion des terres sylvo-pastorales communes, un droit de contrôle qui n'incombait qu'à lui, il est bientôt contraint, dans l'intérêt public, de garantir et à très grands frais, la sécurité de la plaine en restaurant la montagne. Faute de s'y être pris à temps, il cherche à se réapproprier des terres mortes qui eussent pu être conservées vivantes et peuplées. Il y accentue quand il n'y provoque pas, l'exode du montagnard, souvent même son expatriation lointaine et irrémédiable.

Pour la France qui se dépeuple, les chimères de la colonisation, ne sauraient atténuer semblables pertes.

1

De 1901 à 1906, la population a décru dans 55 de nos départements. Sur nos 31 départements montagneux, à influences torrentielles, 26 ont perdu 107.000 habitants : pour les 5 autres, la dépopulation des hautes vallées est masquée par l'accroissement des grandes agglomérations de l'aval, Nice, Perpignan, etc. Les 5 départements des Pyrénées de l'Ouest ont perdu 23.142 habitants, la Haute-Garonne seule a perdu 6.416 habitants. Dans le Massif central, ou à ses abords, 7 départements, Ardèche, Aveyron, Cantal, Hérault, Lozère, Puy-de-Dôme, Tarn-et-Garonne perdent 37.963 habitants, soit 15 pour 100. Les 5 départements alpins, Hautes et Basses-Alpes, les Savoies, l'Isère perdent 14.955 habitants, soit 10 pour 100.

De 1851 à 1901, les 4 départements pyrénéens du bassin garonnais ont perdu 146 000 habitants, le dixième de leur population. Dans les Hautes-Pyrénées, la dépopulation de la montagne est masquée par le développement de centres, militaire, religieux et thermal : Tarbes, Lourdes, Bagnères, etc. Toutes les communes montagneuses se dépeuplent, certaines ont perdu 50 pour 100 de leurs habitants depuis cinquante ans. Les Basses-Pyrénées, de 1840 à 1872, ont perdu 64.000 habitants. De 1851 à 1906, la population de l'Ariège, le pays de « la mine au mineur », autant que celui du « pâturage au pâtre », passe de 267.435 habitants à 205.684 perdant 23 pour 100 : le district minier de Vic-Dessos s'est dépeuplé de 26 pour 100 en trente-six ans. Dans les Alpes provençales, les Basses-Alpes ont décru de 153.783 habitants en 1870, à 115.021 en 1906, perdant 1.100 âmes par an ; la seule vallée de Barcelonnette a perdu 28 pour 100 de ses habitants depuis cinquante ans, plus que celle de Vic-Dessos. Dans les Hautes-Alpes, la population s'est accrue régulièrement de 1801 (116.317 habitants) à 1846 (133.100 habitants) pour décroître ensuite, perdant aujourd'hui plus de 400 habitants par an et tombant à 107.498 habitants en 1908. Certaines communes ont vu leur population réduite de moitié en trente ans; d'autres ont capitulé devant le mouton, amorcées par les agents d'émigration : elles ont fui leurs torrents déchaînés. En Savoie, de 1858 à 1906, la population a passée de 281.103 habitants à 253.297 habitants, perdant 10 pour 100 en cinquante ans; la dépopulation ne s'est plus ralentie à partir de 1886 : de 1901 à 1906, les deux départements savoyards ont perdu 4.670 habitants.

En définitive, 26 de nos départements montagneux méridionaux perdent actuellement 1,03 pour 100 de leur population par période quinquennale, soit 22.000 habitants par an, pour la dernière période. La marche de cette dépopulation qui exporte pendant de longues années quand elle n'expatrie pas à tout jamais, la sève jeune, entreprenante et travailleuse des montagnes, où ne demeurent que l'enfant, la femme âgée, le vieillard et l'invalide, progresse partout.

En manière de contre épreuve, on constatera que dans nos régions de grande culture, les départements où la population s'accroît ou ne diminue pas, ont un taux de boisement supérieur à ce qu'il est dans les autres. Dans le Gers, par exemple, pays de côteaux, où la rapine culturale a saccagé les forêts, la culture est en détresse et le sol atteint de « misère physiologique » (Pedebidou, Risler, etc.) ; la population s'élevait à 314.885 habitants en 1846, elle n'a cessé de décroître depuis, pour tomber à 231.088 habitants en 1906, perdant 1.400 habitants par an, plus que les Basses Alpes. Par contre, dans les Landes, où les forêts couvrent aujourd'hui 50 pour 100 du territoire, la culture n'a cessé de progresser (E. Risler) ; la population en 1856 était de 309.833 habitants, elle est encore de 293.397 habitants, perdant seulement 372 habitants par an depuis cinquante ans, quatre fois moins que le Gers, près de trente fois moins que le Lot qui a perdu 2.000 habitants par an ! Il semble même que le point mort soit franchi, car de 1901 à 1906, la population des Landes a augmenté de 1.811 habitants, en même temps que se développait la valeur des produits des pignadas. Le Gers et les Landes sont dépourvus de grands centres attractifs. Dans le premier de ces départements, les nombreuses rivières « intentionnelles » sont toutes torrentielles au plus haut degré, « versant dans la Garonne des apports limoneux presque permanents » ; dans les Landes, les rivières ont des régimes réguliers se prêtant en partie, soit au flottage, soit à l'exploitation de la houille blanche.

Dans les Vosges, les basses vallées agricoles se dépeuplent, la population des hautes régions sylvo-pastorales augmente. Des faits identiques sont signalés en Bohème.

On doit donc admettre que dans certaines conditions économiques et écologiques, la forêt, loin de constituer en principe, comme l'ont pensé d'éminents géographes, un « vide dans l'œkoumène » (Ratzel), devient un centre de population, une cause d'enracinement au sol pour l'homme civilisé.

Contrairement à l'opinion que firent valoir jadis certains financiers français, pour déterminer l'aliénation des forêts de l'État, l'association de la culture sylvicole à la culture agricole stabilise le paysan : il trouve dans la forêt, spontanément renaissante, une cause d'enracinement au sol que lui refuse la précarité des autres cultures. L'essor actuel pris par la valeur de la matière ligneuse et de ses dérivés industriels ne peut qu'accentuer cette relation.

Comment se refuser à voir, dans la prospérité du tapis pastoral, un puissant élément de stabilisation pour le montagnard ? Comment vivre à ces hautes altitudes où pendant de longs mois le troupeau devra être nourri et abreuvé à l'étable, et le montagnard se chauffer, bloqué et terré sous la neige, quand le sol ne renferme ni houille, ni tourbe, quand il ne produit plus ni herbe, ni bois, ni même assez de feuilles pour le couchage ? Les Savoyards de la Haute-Maurienne, ceux-là même qui prétendent que leurs torrents rongeurs donnent aux vallées « la terre qu'il leur faut », croient résoudre la question en se chauffant avec les bouses desséchées de leurs bestiaux... comme au Pamir et comme sur les Hauts Plateaux algériens (A. Mathey)! Ils ont cependant des anthracites à fleur de terre. Dans l'Ariège, où il n'en existe pas, Dralet rapportait déjà que, bien avant 1813, le déboisement absolu de certaines vallées les avait fait déserter par leurs habitants qui ne s'étaient pas privés d'aller piller des forêts espagnoles pour se chauffer.

Des Alpes aux Pyrénées, et malgré de longues guerres, qui laissèrent sur les champs de bataille de l'Europe dix-sept cent mille Français, nos populations montagneuses n'ont cessé de s'accroître pendant la première moitié du xixᵉ siècle. Mais nul frein n'était opposé, et ne l'est encore aujourd'hui, aux déprédations sylvo-pastorales de l'usine, du bûcheron ou du troupeau : aussi, l'activité torrentielle se multiplia-t-elle partout. Dans les vallées alpines, le greffage de nouveaux cônes de déjections sur les anciens, stéréotypa cette reprise ; ailleurs, ce furent des inondations. C'est de 1846 à 1856 que commence à s'accentuer l'exode de nos montagnards : il fut en grande partie la conséquence tangible de l'exode du sol torrentialisé.

On peut apprécier les effets de la dénudation, en étudiant les masses de matériaux solides expulsées aux estuaires de nos grandes rivières torrentielles : Garonne, Rhône, Loire, Adour, Hérault, Var, etc. Ces puissants travailleurs du sol entraînent aujourd'hui par an, dans la mer, plus de 72 millions de mètres cubes de sables, vases et limons, sans compter les matériaux plus grossiers qu'ils entassent dans les hautes vallées ou dans leur lit. Si l'on suppose ce décapage restreint à la zone de nos montagnes

essentiellement torrentielles, qu'on peut évaluer à 1 dixième du territoire, il représente l'ablation d'une couche uniforme supérieure à 1 déci-
mètre de hauteur par siècle. Ce dépouillement violent de la « chair des
montagnes » est, pour l'ensemble d'un pays, le signe le plus perceptible
d'une « dégradation d'énergie ». (B. Brunhes.)

C'est donc à juste titre qu'un ancien ministre de l'Agriculture repré-
sentait en termes alarmés au Parlement, bien avant qu'on parlât du Retour
à la Terre, le sol de certains de nos départements « comme fondant litté-
ralement dans les vallées » (J. Méline). Les ingénieurs hydrographes
français ont d'ailleurs établi la progression actuelle et très accentuée de
ce phénomène, qui ne saurait être attribué à des causes purement géolo-
giques : en France, comme en Italie, ils l'ont nettement rattaché à
l'extension de la dénudation sylvo-pastorale.

Le montagnard ne perçoit ces effets, sans jamais chercher à obvier
aux causes, que le jour où sa maison est emportée, son champ allu-
vionné. Parfois même c'est très loin, dans le temps et dans l'espace, que
se fera le dénouement de cette tragédie culturale, quand les sables lit-
toraux enseveliront maisons et cultures à l'estuaire de fleuves, d'où les
navires auront été progressivement expulsés.

C'est bien à la torrentialité croissante des gaves pyrénéens qu'on peut,
en grande partie, attribuer la fluidité des populations gasconnes très étu-
diée aujourd'hui. (V. Turquan.) Dans ces cas désespérés, il n'y a évidem-
ment qu'à fuir, et c'est le parti du grand exode, de l'expatriation que
prend le montagnard alpin, caussenard et pyrénéen.

Sans doute, il y a des échouages sur les écueils urbains; mais le berger
s'y trouve dépaysé et emprisonné. Des Basses-Pyrénés à l'Ariège et de
tous les pays gascons, c'est vers les ports de l'Amérique latine, la « colo-
nie du pays basque », que s'oriente le courant : nos pasteurs retrouveront
une existence pastorale dans les pampas. On a essayé, mais en vain, et
particulièrement en Bretagne, de dériver le courant dans nos colonies :
le Languedoc monocultural y a pourvu par intermittences, lors des crises
viticoles. Dans le Plateau central, s'approvisionnent nos cités métropolitaines « gouffres de l'espèce humaine ». (J.-J. Rousseau.) Les Hautes et
Basses-Alpes envoient leurs émigrants en Algérie, mais surtout au Mexique et dans l'Amérique anglo-saxonne. Ces courants, très établis
aujourd'hui, ont dans la masse de nos populations rurales et surtout
montagnardes, la constance des grands courants marins dans l'Océan.

On estime à 15.000 le chiffre actuel, et toujours en croissance, de
nos émigrants ; ils ne dépassaient pas 4.000, de 1875 à 1884. (R. Gonnard). Rien ne fait présumer que dans ce nombre figurent nos *colons*

algériens et tunisiens, qui ne sont pas de véritables *émigrants*, au sens absolu de l'expatriation.

Je ne puis m'attarder à analyser ici les opinions émises en France pour ou contre l'émigration, la colonisation de peuplement. On conçoit difficilement qu'au sein de notre pays, qui tient aujourd'hui dans le monde le triste record de la dépopulation ; qui manque de « matière émigrante », de bras pour ses cultures, ses travaux, sa défense ; qui devient un pays d'immigration cosmopolite ; dont la faible natalité s'affirme même dans nos colonies, il se trouve encore des apologistes de l'expatriation.

Comment admettre que sous couleur de peupler nos terres africaines, on laisse s'organiser sur nos terres pauvres métropolitaines une sorte de racolage officiel de nos malheureux ilôtes? Comment ne pas déplorer que notre législation montagneuse du 4 avril 1882, ait directement provoqué le montagnard à l'exode, en organisant la *nationalisation* et non la *protection* des régions à restaurer? Comment qualifier le trafic administratif des terres pauvres que l'on poursuit depuis vingt-cinq ans et aujourd'hui encore, sauf dans les Pyrénées où la route lui a été nettement barrée? Il nous a conduit à faire disparaître jusqu'au nom de plusieurs communes françaises! Sans doute, il y a vingt-cinq ans, le pays encore peuplé, pouvait être et était obsédé par l'idée de peupler nos terres lointaines, africaines et autres, avec nos highlanders des Alpes. Mais aujourd'hui! qui soutiendrait encore que « l'émigration de *quelques coins* de ces Alpes satisfasse à la fois les intérêts alpins et ceux de la France colonisatrice, ceux de la petite et ceux de la grande patrie » (E. Briot)? Le sophisme pouvait passer au temps où nous ne recourrions pas encore à la main-d'œuvre de l'armée, à celle des Flamands, Suisses, Catalans, Piémontais, Polonais, qui fournissent la masse de nos chantiers, en attendant que nous allions recruter des « jaunes » !

De 1851 à 1907, la population de l'Allemagne a passé de 35 à 62 millions ; celle de la France, de 35 à 39 millions d'habitants. De 1897 à 1907, l'excédent annuel des naissances sur les décès a passé, en Allemagne, de 787.000 à 920.000 ; en France, de 108.000 à 19.000. De 1870 à 1900, la population de l'Allemagne, par kilomètre carré, a passé de 75 à 104, augmentant de 29 habitants; celle de la France a passé de 69 à 73, augmentant de 4 habitants. De 1881 à 1895, par rapport à la période antérieure de même durée, la consommation annuelle de *pain* par habitants a augmenté de 19 kilogrammes en Allemagne et diminué de 4 kilogrammes en France. A Berlin, il y a 400 ouvriers français ; à Paris, il y a 50.000 Allemands (P. Biétry). En 1881, l'Allemagne qui organisait la « colonisation à l'intérieur », dans ses tourbières, dans ses landes sableuses, en Pologne..., comptait annuellement 210.000 émigrants :

elle n'en a plus que 19.000 en 1900 ; encore sont-ce surtout des Polonais chassés, expropriés, déracinés par la Prusse qui installe ses anciens émigrants dans leurs foyers. En France, nous laissons les Piémontais supplanter nos Alpins que nous provoquons à l'expatriation.

En Russie, c'est par le développement des cultures qu'on cherche à remédier à la crise agraire. Depuis vingt-cinq ou trente ans, près de 9 millions d'hectares des marais du haut Dnieper, ont été aménagés à ce point de vue pour fixer, en partie, le flot croissant de l'émigration. En 1907, 540.000 paysans sont allés coloniser les plaines sibériennes où ils retrouvent sensiblement les conditions de vie du steppe : l'énergie slave n'est nullement amoindrie par ce colossal exode, en grande partie dû à l'excès de natalité.

La condition essentielle pour coloniser à notre époque est d'apporter avec soi des capitaux, beaucoup de capitaux pour les incorporer au sol sous forme d'améliorations préalables à la culture intensive (D. Zolla). Ce n'est pas le maigre pécule que nos montagnards tirent du prix du sang de leurs terres-mortes, 60 à 80 francs par hectare, qui constitue la provision indispensable pour réussir. C'est un vernis de douteux aloi que se donne ainsi la colonisation française : elle fait fausse route en orientant de propos délibéré nos montagnards miséreux vers des Cité-du-Soleil, des Icarie, des Port-Tarascon et autres pays d'Utopie que leurs inventeurs eux-mêmes ne pensèrent jamais voir sortir du domaine de l'imagination.

Les conclusions récentes d'une enquête approfondie à laquelle s'est livré le *Comité Dupleix* dans toutes nos colonies (Algérie et Tunisie exceptées), sur la question : « Doit-on aller aux colonies ? » sont unanimes et formelles : Nulle part, nous n'avons de colonies d'émigrations, de peuplement. Ceux de nos émigrants qui n'emportent pas avec eux un gros capital, 25, 30, 40 mille francs, et surtout une endurance et une énergie à toute épreuve, doivent s'attendre aux pires déconvenues (R. Doucet, 1907). Des conclusions analogues ont été formulées pour les colonies allemandes (Chéradame). Dans les deux pays on s'accorde à constater qu'aujourd'hui les colonies ne servent guère, au point de vue du peuplement, qu'à faire vivre une catégorie spéciale de fonctionnaires « arrivistes, qui les exploitent en faisant passer leur intérêt personnel avant l'intérêt général, etc. » (F. Mury, R. Doucet, etc.).

En Nouvelle-Calédonie, on estimait il y a dix ans « que l'indigène ne pouvait être propriétaire. Quand l'État le spolie, l'exproprie, il reprend son bien, à lui l'État », et il le fait à bon compte. C'est ainsi qu'il cède à des colons des terres qui lui reviennent, en état de culture, de 25 centimes à 4 francs l'hectare (H. Bouet). C'est une politique de négrier.

A Madagascar, le général Galliéni a déclaré la faillite de la colonisation officielle.

De 1871 à 1875, l'implantation en Algérie d'une des 900 familles d'Alsaciens-Lorrains expulsés après la guerre, par ceux qui en pleine paix expulsent aujourd'hui les Polonais trop rebelles à la germanisation, barrant ainsi le cours de l'émigration allemande, a coûté près de 7.000 francs par famille : « Quand la Société qui dirigeait l'émigration cessa les envois d'argent et de vivres, un certain nombre d'Alsaciens rentrèrent chez eux ou se dispersèrent. D'autres attendirent l'expiration des cinq années d'engagement, vendirent leur concession depuis longtemps grevée et disparurent (d'Haussonville).

« La transplantation officielle toujours délicate du paysan français en Algérie revient à 500 ou 600 francs ; le taux ne peut que monter à mesure que les domaines s'épuiseront et qu'il faudra acheter des terres à peupler » (H. Lorin, Froideveaux).

Un éminent administrateur, très au fait de la colonisation algérienne, estime à près de 1.500 francs les frais d'installation en Algérie d'un des 25.000 colons officiels qui constituaient les 5.700 familles métropolitaines introduites au cours des vingt-cinq dernières années (de Peyerimhof).

Après l'éruption de la Montagne Pelée, on décida de faire émigrer de la Martinique à la Guyane, où les conditions de vie n'étaient pas trop différentes, 285 familles : pour chacune d'elles, les frais étaient évaluées à 2.700 francs. Or, 47 familles seulement purent être transportées et l'opération revint à 9.362 francs par famille.

Dans les Basses-Alpes, l'émigration d'un « Barcelonnette » coûte 6.000 francs au pays. Tant hommes que femmes, 100 personnes émigrent par an : le nombre progresse chaque année. De 1848 à 1908, 70.000 personnes ont émigré : la vallée se vide de nos nationaux, l'invasion piémontaise la remplit. Sur 855 conscrits appelés dans la région, au cours des cinquante dernières années, 262, soit 30 pour 100 ont été *insoumis* (Arnaud, Levainville).

Dans les Basses-Pyrénées, devenues depuis une soixantaine d'années le pays de l'*émigration clandestine*, celle de la jeunesse (Etcheverry) et qui est aussi, depuis des siècles, celui de la déforestation par le mouton, la chèvre et l'incendie (P. Buffault, de Roquette-Buisson, etc.), de 1897 à 1906, 36.231 conscrits étaient appelés, 3.377 soit 10 pour 100 ont été insoumis. Pour la circonscription de Bayonne-Mauléon, le nombre actuel des « Ramuntchos » insoumis « partis en conquérants, rentrés en vainqueurs et qui vieillissent en rentiers » (H. Lorin), atteint presque 15 pour 100. Ces faits ont leur importance, si l'on considère que les contingents aussi bien que les engagements et les nationalisations se réduisent annuellement chez nous, au delà des prévisions les plus pessimistes.

En 1888, le chiffre de nos conscrits déserteurs ou insoumis était de 4.000 : ce chiffre est actuellement de 16.582 (L. Achille), il progresse chaque année. C'est aux Arabes que nous voudrions faire appel pour combler les vides! aux fils de ces mêmes Arabes dont en 1871, nous avons confisqué ou exproprié 287.000 hectares de cultures à des prix variant de 57 à 115 francs l'un, pour y installer des colons français! nos Africains s'y prêteront-ils? et est-on bien sûr qu'ils n'aient pas oublié ces procédés justement qualifiés « inhumains » par nos économistes (P. Leroy-Beaulieu)? Ainsi, par un singulier retour des choses « alors qu'il n'y a plus d'objections à l'importation, qui sera demain nécessaire, de la main-d'œuvre africaine en France » (de Peyerimhoff), ces Arabes, futurs soldats ou manœuvres, pourront croiser en Méditerranée les alpins, caussenards ou pyrénéens que nous envoyons coloniser leurs terres ! N'est-ce pas la plus étrange des incohérences?

Si l'on veut bien se reporter à des chiffres précédemment établis, on constatera qu'il y a parallélisme aveuglant en France entre la marche des deux phénomènes : *émigration* et *insoumission*. Sans compter le tribut prélevé par la colonisation algérienne, ce double exode expatrie chaque année et pour longtemps de la métropole, une armée de jeunes gens, en pleine puissance d'énergie et d'initiative qui atteignait presque **32.000 personnes** en 1907, la plupart originaires des montagnes. Il est bon d'ajouter que les amnisties bénévoles et périodiques peuvent consacrer ces faits d'insoumission traditionnelle et calculée (Chambre, Séance du 2 avril 1908).

La « nationalisation » des terres montagneuses qui n'est à vrai dire qu'une socialisation détournée du sol, doit se poursuivre sur 350.000 hectares au moins, pour achever, disait-on en 1905, la restauration des régions françaises torrentialisées il y a vingt-cinq ans : aucun cas n'a été fait de celles qui ont été dégradées depuis et le sont tous les jours. Le pays ne court-il pas ainsi la pire des aventures agro-sociales?

D'ailleurs, la plus grande partie des frais de main-d'œuvre de cette restauration (?) bénéficie depuis longtemps aux nombreux étrangers, Piémontais et Espagnols qui viennent chaque année former la masse des chantiers de reboisement : en échange, comme nous le verrons, leurs compatriotes envahissent impunément nos alpages frontaliers avec leurs moutons transhumants, sans doute pour se ménager du travail !

Les Lombards et les Vénitiens qui émigrent en Argentine ensemencent leurs terres en novembre et décembre, avant de partir faire leur « récolte

d'Amérique » : en mars et avril, ils reviennent au gîte, avec 1.000 ou
1.500 francs, faire leur moisson, et arrondir leurs champs (A. Pawlowski).
Le fil qui les retient au pays n'est ainsi jamais rompu et l'émigration
« saisonière » parfaitement justifiée. C'est le « Retour aux Champs »
(Van der Welde).

Dans la Lorraine française, aussi industrielle qu'agricole, l'usine a
dépeuplé les champs : la culture privée de bras, recourt largement aujour-
d'hui aux Polonais expulsés par le « deutschthum » Les contrats qui lient
ces ouvriers agricoles, même ceux loués à l'année, leur ménagent la possi-
bilité de revenir annuellement passer quelques jours au foyer familial,
faire un court « Retour à la Terre ». Ils n'abdiquent ni leur langue, ni
leur culte, ni surtout leur nationalité. On ne saurait en dire autant de la
masse de nos montagnards!

En Beauce et en Brie, les 45 ou 50.000 Belges qui effectuent périodiquement ce « retour » et qui, avec l'aide de travailleurs militaires, per-
mettent de faire les récoltes, rentrent au bout de trois mois rapportant
de 18 à 20 millions de francs dans leur Flandre surpeuplée mais prospère.
Cette migration n'a rien que de normal. C'est celle de nombre de nos
Creusois, Nivernais, Cantalais, Aveyronnais et autres vers la capitale,
vers la plaine, à la morte saison des champs; celles des populations mor-
vandelles lors des vendanges bourguignonnes. « Chaque printemps,
100.000 kabyles quittent leurs petites maisons de pierres entassées au
plus haut des contreforts de la montagne, pour faire la culture et la
récolte dans les vignobles de la plaine (de Peyerimhof). C'est une pulsa-
tion naturellement rythmée de la vie campagnarde qui agit à son heure
sur les habitants des terres pauvres ou surpeuplées, et les envoie périodiquement escompter par leur travail, et à bénéfices mutuels, la richesse
des vallées. Chacun y trouve son compte, surtout si l'échange peut se
faire entre les nationaux d'un même pays.

Tout autre est le « Retour à la Terre » d'un « Barcelonnette ». Les
métiers et trafics qu'il a pu faire au Mexique, l'ont dissocié tous les jours
de plus en plus, des choses de la terre et même de celles de son pays.
S'il y revient, après « fortune faite » et de longues années, pour y édifier
une villa parée, dont le luxe détonne dans ce milieu plus sauvage que
pittoresque; ce sont des stimulants à l'expatriation et aux rapines pastorales, bien plus que des éléments de stabilisation et de progrès culturaux
qu'il rapporte dans ces régions où il n'existe d'autre culture et d'autre
industrie possibles que celles qui procèdent de l'exploitation sylvo-
pastorale.

Défendons aujourd'hui nos montagnards des mirages coloniaux, des
souricières argentines, californiennes et autres. Nos Alpes et nos Pyré-

nées n'ont rien des highlands d'Ecosse : c'est une double faute économique et sociale d'y laisser progresser l'exode montagneux, en n'entravant
pas l'exode du sol. Nous sommes devenus trop pauvres en hommes pour
en semer comme jadis aux quatre vents du monde et nous avons un
meilleur emploi à faire de nos capitaux que d'en subventionner la main
d'œuvre étrangère. Pour protéger le travail national, le premier point
n'est-il pas de protéger la terre nationale ?

Sans doute, « il vaut mieux cultiver la terre en France avec des bras
étrangers que de la voir en friches comme les plaines du Latium ou les
plateaux de la Vieille Castille » (M. Lair) ; mais ne vaut-il pas mieux
encore éloigner de cette terre de France les fléaux qui ont désertisé ce
Latium, cette Castille, le mouton et le troupeau transhumant [1] ?

II

Le *troupeau* est l'instrument « capitaliste » indispensable pour l'exploitation des alpages. La forme *extensive* qu'on a donnée au parcours de ce
troupeau est comme on l'a vu sommairement, la cause essentielle de la
dégénérescence du sol. A l'origine des dégradations, des misères physiologiques de ce dernier, qu'il s'agisse des pelouses des Alpes ou des steppes
de Russie, on trouvera toujours l'influence du troupeau ou pour mieux
dire du berger ; car livré à lui-même, ce troupeau ne s'obstine pas à tirer
sa vie d'une terre-morte, il la cherche ailleurs.

Squatters et pionniers font mieux et plus vite aujourd'hui, avec le
« ring barking » (l'anneau écorcé) dans le « bush » australien ; avec le
troupeau de chèvres « essarteuses », dans la forêt américaine, pour
précipiter la conquête des terres vierges ! Les asiatiques sont fidèles à
la pratique du feu. C'est à l'incendie, au « ray », que recourent les montagnards de l'Annam et du Tonkin pour ébaucher des cultures bientôt
délaissées, quand la fertilité du sol est épuisée. L'incendie des « vacants »
et des pelouses pastorales est d'un usage courant dans les Pyrénées.

Aussi le nomadisme est-il bien plus le fait des « râfles culturales » et
des pillages économiques, que des seules conditions géographiques du
sol. Les premiers hommes stabilisés par des cultures rudimentaires, furent

[1] **Projections** : *L'exode du sol.* — Généralisation des phénomènes
d'érosion sur tous les sols, en plaine comme en montagne, où la dénudation
systématique est poursuivie par le pastorat archaïque et la culture extensive.
55 diapositifs: France, Espagne, Russie, Amérique, etc.

à la longue mobilisés par les besoins de l'élevage extensif de leurs troupeaux. Devenus pasteurs et ainsi déracinés, ils organisèrent le désertisme autour de leur berceau; ils y tarirent avec les eaux, la source de toute « énergie » culturale.

La **chèvre** broute la feuille des arbres, si coriace soit-elle, plus volontiers que l'herbe. Elle se dresse haut le long des arbustes ; grâce à ses ongles larges, charnus et prenants, elle grimpera même parfois sur des troncs d'arbres inclinés. Organisée pour l'escalade, elle se perche sur des pointes rocheuses où l'attire une touffe verte, et d'où peu d'autres quadrupèdes sauraient redescendre. Le nez au vent, elle se dissocie volontiers du troupeau, courant où la pousse son humeur indépendante, capricieuse.

C'est à des troupeaux de chèvres que le planteur américain confie le déboisement de certaines terres vierges à planter en coton. C'est à des chèvres que l'Administration militaire s'en remet du soin de maintenir toujours dénudés les abords de quelques-uns de nos ouvrages fortifiés de l'Est.

Le **mouton** à l'allure résignée, le nez à terre, broute les plantes herbacées, sous-ligneuses, les jeunes plants forestiers : il ne fait pas que tondre ras les gazons des plus maigres pacages ; il fouille le sol du nez, saisit les touffes avec ses lèvres minces et ses incisives, les arrache souvent avec leurs racines pour les dévorer, il « dessolle » la terre. Ses ongles pincés, menus, à la corne dure, peu ouverte et tranchante, entament le gazon des pentes. Sur les routes, le passage répété des grands troupeaux déchausse les empierrements, pulvérise le sol. Les moutons pâturent ordonnés en files: où passe un d'eux, passeront les autres.., comme au temps de Panurge! En 1875, des moutons argentins formant toute la cargaison d'un navire qui arrivait en vue du Havre, furent pris de panique sur le pont ; ils sautèrent par-dessus bord jusqu'au dernier. En juillet 1908, un troupeau de transhumants, affolé on ne sait comment, se dérocha totalement du haut d'un à-pic, près de Gap.

Les versants inclinés que fréquentent les moutons sont zébrés de longs sillons décharnés remontant à faible pente suivant la marche du troupeau : l'érosion y a toute prise.

Moins leste et audacieux que la chèvre, le mouton est mieux doué au point de vue des facultés d'adaptation. Sa laine, sa peau, sa chair, sa graisse en font un animal précieux. Son aire d'expansion est immense en latitude comme en altitude: c'est l'animal des grandes migrations, le berger en a fait celui des grandes dévastations.

Chèvres et moutons, rustiques et voraces, que le pâtre rassemble et stimule de la voix et du geste pour donner l'assaut fatal aux terres pauvres, furent associés dès les temps héroïques : au chant des idylles et des églogues, au son des pipeaux et des flûtes de Pan, ils semèrent dans le vieux monde plus de terres-mortes que les barbares n'en ravagèrent.

C'est la faim et la soif du troupeau nomade et destructeur qui déchaînèrent maintes fois les hordes barbares de l'Orient sur l'Occident, où l'araire et l'enracinement au sol ébauchaient la civilisation : les razzias des Touaregs perpétuent encore cette sauvagerie.

La France est un des pays européens qui élèvent le moins de moutons, c'est un de ceux où, par suite d'un ensemble de conditions géographiques, le mouton cause le plus de dommages au sol, et à son occupant.

Le **porc**, d'humeur accommodante, frétillant et heureux de vivre, auquel Taine à son retour des Pyrénées, consacra de si jolies pages, accompagne souvent vaches et brebis en haute montagne ; mais monté à dos d'homme ou dans le bât d'un âne. Gavé de petit lait et bien en point après sa cure d'air, on le redescend... comme on peut, à la fin de l'estivage. « Le retour à la terre » n'indique pour lui rien qui vaille ! De la transhumance, ce sybarite n'a connu que les fleurs et pour une seule fois dans sa courte existence, sans se douter qu'il y ait encore une roche tarpéienne près du Capitole.

Le **bétail bovin** massif, aux allures pesantes et dociles, aux sabots larges et foulants, est par nature l'exploitant ménager des alpages auxquels il peut accéder. Par suite de la conformation de son mufle, le bœuf ne peut attaquer directement le sol ni en déraciner les plantes : il lie la touffe d'herbe et la rompt avec sa langue et ses lèvres prenantes. Il ne pourrait vivre sur de maigres herbages. Les feuilles et ramilles sont pour lui rations de famine. Il y a incompatibilité pastorale entre l'ovin et le bovin. Ce dernier n'exploite pas volontiers les pâturages fréquentés, et pour ainsi dire contaminés par l'autre. Substituer la vache à la brebis, la stabulation à la transhumance est partout l'objectif d'une industrie sylvopastorale progressive. Le bovin stabilise le cultivateur, il l'enracine au sol.

Anes, mulets et **chevaux** ne sont que des comparses accidentels de la transhumance française, peu dangereux pour le sol.

En région accidentée, l'évolution saisonière de la végétation exigera que le troupeau émigre chaque année à la belle saison, après la fonte des neiges, pour exploiter les herbages qui mûrissent successivement d'aval en amont. D'où le « nomadisme » avec ses migrations lointaines dans les région semi-désertiqués ; et la « transhumance », sa forme atténuée, dans certaine grandes vallées de l'Europe méridionale, particulièrement en France.

Quand, dans les montagnes françaises, bûcherons, forgerons, cultivateurs et pâtres, associés et stimulés par l'Etat pour conquérir et exploiter
le sol, y eurent coupé, brûlé, ravagé les forêts dont les souches subsistent
encore en bien des points, les populations disposèrent d'espaces pastora-
lisés bien supérieurs aux besoins des troupeaux qu'elles pouvaient élever :
le nombre de ces derniers est partout et toujours, en rapport avec les
abris et approvisionnements hivernaux qui eux, ne sauraient être illimi-
tés. Ces pâturages surabondants sont de temps immémorial loués *sans
aucun contrôle*, par les communautés pastorales à des propriétaires de
moutons, souvent entièrement étrangers au pays. Leurs troupeaux vont
hiverner au loin, dans des régions de plaine restées incultes : ils *transhument* de là en haute montagne pendant l'estivage. C'est ainsi que la Crau,
la Camargue, les garrigues languedociennes, les arides corbenoles, les
landes sous-pyrénéennes et celles de la basse Gascogne sont devenues et
restées jusqu'ici les pays de stationnement hivernal d'où, au début de
l'été, se fait l'assaut du mouton transhumant sur les Alpes, les Causses,
le Plateau central et les Pyrénées. Pour les Alpes-Maritimes, qui versent
directement dans la mer, l'hivernage se fait sur des territoires du littoral
réservés, mis « à ban » à cet effet, appelés « bandistes ».

Le passage, à travers les régions cultivées, de troupeaux d'ovins,
« torrents de laine », comptant parfois jusqu'à deux ou trois mille bêtes
affamées, s'opère suivant des itinéraires traditionnels, fixes, des « car-
raires, drailles, camin ramades, terciers », etc. Les transhumants langue-
dociens atteignent la Margeride et l'Aubrac en traversant les Causses ;
pour accéder aux Alpes et aux Pyrénées, ces troupeaux remontent le plus
souvent les chemins des vallées. Ils utilisent les voies ferrées pour monter en Oisans, en Maurienne et en Tarentaise.

Au printemps dernier, la Compagnie des chemins de fer P.-L.-M. a, sur
la demande du représentant d'une de nos régions savoyardes les plus
pauvres et les plus torrentialisées, accordé un tarif réduit pour y faciliter
le transport des transhumants provençaux.

A la même époque, des agronomes localisés dans la région, exposaient
que « si l'on ne veut pas que la montagne y soit ravagée, dévastée, il
importe de ne pas laisser le mouton pénétrer dans les alpages où il sera la
ruine et du sol et du pays. » (C. Génin).

Rappelons en passant que chaque année, nos voies ferrées subissent
par le fait de la dénudation pastorale, des avaries torrentielles considérables. La Compagnie P.-L.-M. paie de ce chef de lourdes dîmes aux
seuls moutons de Maurienne et de Tarentaise. Il est douteux que les profits qu'elle paraît attendre des moutons provençaux, soient à hauteur
des pertes qu'elle a certainement à en redouter. Dans ce pays, d'où le

mouton chasse le montagnard, où l'exiguïté des périmètres de restauration du sol contraste plus qu'ailleurs avec l'ampleur des travaux de maçonnerie exécutés pour... le reboiser, on a paru vouloir attribuer à des causes climatiques, cosmiques, l'*exagération contemporaine de la torrentialité* (P. Girardin). Il semble qu'il ne faille pas aller chercher si loin l'explication d'un fait purement humain, qu'avec raison on attribuait déjà, il y a quelque quarante ans, à l'invasion des moutons qui commencèrent à transhumer de Provence après l'annexion (Hudry-Ménos).

Dans les Pyrénées, des accords entre populations de vallées voisines, parfois françaises et espagnoles, dénommés « liés, passeries, faceries... » sont intervenus depuis longtemps : certains furent sanctionnés diplomatiquement. Les mérinos de la Méséta qui ne trouvent plus rien à dévorer sur leurs steppes calcinées, refluent ainsi dans nos hautes vallées pyrénéennes, au plus grand dommage de nos gaves. On ignore dans quelle mesure, les troupeaux français usent de réciprocité, sauf en Andorre où chèvres et moutons des deux pays broutent avec une entente cordiale que ne manifestent pas toujours leurs bergers. Colbert s'était déjà préoccupé des avantages que la France pouvait retirer de cette transhumance. (Lettre du 8 juillet 1682 à l'Intendant Foucault à Montauban.)

Des faits de même ordre quoique moins précisés, se passent dans les Alpes.

Dans le haut Jura vaudois, la transhumance bovine s'exerce de temps immémorial, sans paraître préjudicier ni au sol ni aux populations.

A la fin de 1906, et autant qu'on peut l'apprécier d'après les documents épars concernant la transhumance française, le nombre de moutons transhumant en Ardèche, Drôme, Basses-Alpes, Alpes-Maritimes, Hérault et Isère, était de 730 000 ; on peut évaluer à 800.000 le nombre des moutons transhumant dans les pays pyrénéens, les Savoies, le Var et les Hautes-Alpes ; et à 200.000 les moutons espagnols et italiens qui estivent en France. Ce sont donc 17 ou 18 cent mille animaux, le dixième de nos ovins métropolitains actuels, qui transhument.

Les allures parasitaires de la transhumance sont de toute évidence. Si le montagnard, plus traditionnel et obstiné que tout autre paysan, peut être jugé relativement irresponsable de la part de ruines que subit la pelouse commune du fait des animaux qu'il possède en propre dans le troupeau commun, quelle n'est pas en réalité l'irresponsabilité du propriétaire d'un troupeau transhumant, personnage plus ou moins influent et cultivé, qui ne suit que bien rarement son capital nomade, insaisissable et ravageur, et auquel nulle charge restauratrice n'est imposée ?

Les « midlemen » de cet absentéiste, ses « bayles » dans les Alpes, ses « majorals » dans les Pyrénées, ailleurs, ses administradores, caciques, etc., ne visent qu'à entasser sur les pelouses la plus grande masse possible de moutons, et au plus bas prix. D'autre part, le montagnard n'a d'autre souci que de louer très cher ses pelouses aux transhumants et d'en tirer le plus de fumier possible pour ses cultures. C'est le « Raüb cultur », la « mésadaptation », la culture « vampire », la « râfle économique » (Friedrich, Hahn, Cammaerts, Brunhes, etc.), dans leur expression la plus âpre, et perpétuée aussi bien sur la montagne en estivage, que dans la plaine en hivernage.

Comme le « Mexicain », retour à Barcelonnette après fortune faite, le Transhumant « retour à la montagne » ne rapporte rien de bon à une terre où l'origine des fortunes fut pendant longtemps l'exploitation ou, pour mieux dire, la rapine sylvo-pastorale. Jadis les Comtes de Provence, les Dauphins, sur le territoire desquels passaient les troupeaux d'Arles pour gagner les Alpes, accueillaient ces troupeaux avec sollicitude, en raison des dîmes, droits de péage, de « pulvérulage » et autres profits qu'ils en tiraient sur tout leur passage; les ducs de Lorraine faisaient de même à l'égard des troupeaux de gros bétail qui gagnaient les chaumes vosgiennes. Aujourd'hui, le fisc tire encore de ces errements parasitaires le profit « personnel et immédiat » le plus clair, mais non pour le grand bien du pays.

Sauf dans les régions très forestières de l'Est, la plupart de nos communes montagneuses, surappauvries en bras et en ressources sylvo-pastorales par l'émigration et la dénudation, ne subviennent plus qu'à grand'peine à des dépenses collectives toujours croissantes. Le total des centimes communaux était de 2.132.000 francs en 1900, il s'est élevé à 2.862.000 fr. en 1907. Tant départementaux que communaux, les centimes s'élèvent actuellement en France, au chiffre colossal de 438 millions de francs.

Plus du tiers de nos communes sont imposées de 50 à 100 centimes : 7000 communes (25 p. 100), toutes rurales, le sont à plus de 100 de ces centimes qui, à eux seuls, constituent un des problèmes les plus complexes et les moins étudiés du dogme de l'Impôt sur le Revenu. D'ailleurs, il est bien évident que les seigneurs de la transhumance, grâce au nomadisme de leur capital, échappent partout à l'impôt du sol.

Pour les finances des communes à transhumance, le rendement de cette pratique est l'appoint rédempteur, en apparence et pour l'instant présent.

On peut estimer à 1 franc par mouton, soit à 17 ou 18 cent mille francs les sommes encaissées de ce chef par les caisses communales et dont elles reversent une bonne partie à l'Etat sous différentes formes. Ce dernier aurait certainement eu depuis longtemps tout avantage à désintéresser pécuniairement les communes qui spéculent de la transhumance, en évinçant les troupeaux étrangers. N'est-ce pas surtout à lui, qui prend une si grande part de responsabilité dans la dégradation et la dépopulation de nos montagnes, qu'incombe la tâche d'obvier à ces fléaux, au plus vite et par tous les moyens ?

Serait-il donc impossible d'organiser l'*amélioration pastorale* par excellence, le rachat progressif de ce pillage, de cette « râfle économique », si préjudiciable à nos énergies montagneuses ? Dans l'ancien comté de Nice, le *rachat des droits* de bandites, serait autrement utile que le *rachat des terres* grevées de ces droits qu'on projetait jadis (J. Méline).

La somme nécessaire au désintéressement des communes serait facilement et naturellement prélevée sur le crédit annuel de 3.500.000 francs, affecté à la restauration des montagnes, sans majoration de ce crédit et par simple virement des allocations aux travaux à « grand effet », aux ouvrages en maçonnerie, aux nationalisations du sol. Il n'y a pas aujourd'hui d'autre moyen d'entraver cette « Mort de la Montagne », qu'on cite à tout propos, sans rien tenter pour l'éviter. Car il est fort douteux que les bonnes volontés du moment s'affranchissent assez des contingences électorales ou autres, pour trouver une formule véritablement utile à la restauration du sol, et pour donner l'autorité et l'indépendance nécessaires à ceux qui devront appliquer cette formule... si on la trouve ? Nous ne sommes plus aux âges héroïques où l'on acclamait pareils désintéressements et où l'énergie de quelques volontés haut placées savait triompher des intimidations du « nombre ».

Les terres pauvres de la vallée de Barcelonnette, ce champ clos torrentiel où depuis cinquante ans tant de millions ont été employés, on pourrait dire engloutis, à barrer des torrents, à entasser dans leurs lits des « orgies de moellons », seront, dans peu d'années, presque entièrement nationalisées sans que l'exode du montagnard ait été en rien entravé, au contraire. Quant à l'exode du sol, la petite cité, encerclée de plus en plus dans des laves torrentielles qui exhaussent impitoyablement le thalweg de l'Ubaye, restera comme une épave livrée à l'exploitation piémontaise. Dans ce coin reculé des Alpes provençales, berceau de la grande œuvre du Reboisement des Montagnes, se joue, depuis trente ans, une véritable tragédie agro-sociale et de plus nationale. Ce ne sont pas les embrasures de notre frontière, si armées soient-elles, qui empêcheront les têtes de la vallée de l'Ubaye d'être avant longtemps, une enclave italienne en sol français. Il y a 10.000 français disséminés en Italie ; il y a 330.000 italiens installés en France (M. Lair) et groupés surtout dans le Sud-Est. Ils forment la masse du contingent cosmopolite qui exploite notre Riviera et qui dans les Alpes-Maritimes, atteint aujourd'hui les vingt-huit centièmes de la population française. C'est une force!

Certains auteurs, rares du reste, témoins de cette dénationalisation d'une région par la nationalisation du sol, envisagent avec sérénité l'éviction du montagnard et persistent à plaider pour le transhumant. Tel le pangermanisme, le « Deutschtum » aux formes oppressives, proclame actuellement très haut son droit, celui du plus fort, à l'expropriation des terriens polonais, rééditant les « clearing », les « nettoyages » qui furent une honte pour l'histoire sociale de l'Ecosse et de l'Irlande.

Quant à nous, et avec bien d'autres, nous estimons que la première tâche à poursuivre est d'expulser les parasites, à la fois des montagnes et des montagnards, les transhumants, bêtes et gens, ces chemineaux malfaisants du pastorat, qui ne peuvent s'enraciner nulle part. Cette éviction s'impose dans les hauts alpages de France, partout où le troupeau est monopolisé entre les mains d'absentéistes nationaux et à plus forte raison étrangers. Ce serait une illusion de compter sur nos bons voisins d'Espagne et d'Italie pour restaurer nos montagnes et éteindre nos torrents; le mieux est de faire en sorte qu'ils soient obligés de garder chez eux leurs moutons ravageurs ; de leur fermer nos portes comme nous les fermons à la peste.

Je m'empresse de signaler ici la généreuse coopération fournie par les Sociétés pour l'Aménagement des Montagnes dans les Alpes et dans les Pyrénées. Elles y amodient à leur compte des pâturages à transhumance. Elle peuvent alors en évincer les troupeaux étrangers, réglementer le pacage des bestiaux autochtones admis, et faire les améliorations désirables. L'Etat a très heureusement participé à cette initiative dans le Dauphiné. Il devient ainsi l'associé des Sociétés protectrices, exerçant un contrôle sur leurs opérations, mais gardant la liberté d'allures qui lui est indispensable. Cette participation s'impose d'autant plus que les initiatives qui l'ont déterminée peuvent défaillir, laissant l'œuvre en détresse : elles sont d'ailleurs incapables d'étendre leur action partout où elle est appelée à s'exercer. En fait, des milliers d'ovins ont été de la sorte expulsés des hautes vallées de la Neste d'Aure et du Vénéon. Resterait à savoir s'ils n'ont pas été surcharger des pelouses voisines? Sous prétexte d'exclure les transhumants d'une vallée, il ne faudrait pas en encombrer une autre qui serait plus dévastée. En Australie, les lapins qu'on a exterminés en deçà d'une enceinte close, ont pullulé et ravagé de plus belle au delà (P. Privat-Deschanel).

L'absence de tout contrôle, de toute monographie sylvo-pastorale explicite et sincère, ne permet de rien affirmer encore en ce qui concerne nos transhumants évincés. Qui s'en serait soucié quand le sort de nos montagnards évincés par les mêmes moutons, n'a pendant si longtemps jamais préoccupé personne en France [1] ?

III

Le mouton, cet intéressant *laniger* qu'il s'agit de parquer rigoureusement là où son travail ne menace pas l'intérêt public ; cet exploitant précieux, mais ravageur des territoires sylvo-pastoraux, dont il finit par évincer le sol et jusqu'au berger lui-même, donne en même temps que sa toison, de la viande, des peaux, du suif, du lait, des engrais. Son élevage peut rapporter des « profits personnels, immédiats » considérables, jusqu'à 32 pour 100 en six mois dans la Crau (Amalbert) ; ce qui explique l'acharnement des seigneurs de la transhumance à défendre leur capital. Dès lors, on pourrait craindre que la suppression, même progressive, de cette pratique ne bouleversât profondément l'économie générale des « pays à moutons » de la métropole.

Les Andorrans, dont les chèvres ont dévoré les forêts, qui n'ont plus de bois pour faire des barils, mais qui cependant restent amateurs de vin, estiment que ces chèvres leur sont encore indispensables pour avoir des outres. Est-il nécessaire, comme on voudrait encore le prétendre, de défendre à un titre quelconque, l'*élevage extensif* du mouton ; et dans quelles conditions cet élevage se présente-t-il en France, si on l'envisage à la lumière des faits économiques contemporains ?

Au vieux temps, quand « labourage et pastourage » étaient les deux seules mamelles où pouvait s'alimenter le pays confiné et aux industries rudimentaires, l'utilité du mouton, aussi bien en plaine qu'en montagne, était indiscutable. Il fallait absolument recourir à lui pour vêtir, en grande partie pour nourrir et éclairer les populations rurales et même citadines. Aussi, un siècle après, Colbert, aidé par le Contrôleur des Troupeaux Carlier, s'appliqua-t-il avec raison à propager en France mérinos et southdowns, espagnols et anglais. Mais en même temps, l'illustre fils du drapier de Reims, le « commis aux écritures de Louis XIV » comme se plut à l'appeler Arthur Young, défendait de son mieux les forêts,

---

[1] **Projections:** *La Transhumance pastorale.* — Régions françaises d'estivage et d'hivernage. — Troupeaux transhumants. — Populations pastorales autochtones et transhumantes. — Les terres-mortes dans les Alpes françaises.
65 diapositifs : Haute-Gascogne, Cévennes, Crau, Alpes, etc.

gisements de combustible et surtout de matière première pour l'édification des flottes royales.

Car en annonçant que « la France périrait faute de bois », en préparant sa belle Ordonnance forestière de 1669, où il consacrait si heureusement l'alliance naturelle des *Eaux* et des *Forêts* reconnue bien avant lui en France, le grand ministre ne visait que les objectifs nés et actuels de la défense du pays, du chauffage, de l'industrie et de l'abri des populations. Rien ne fait pressentir dans son œuvre considérable, dans sa correspondance minutieuse et prévoyante, qu'il put, mieux que ne le firent ses contemporains ou devanciers, sauf peut-être Bernard Palissy, soupçonner les bénéfices indirects, immatériels et sociaux, que le boisement vaut à l'ensemble d'un pays.

Les sapinières des Pyrénées étaient en France les seules susceptibles de fournir économiquement des bois de mâture que le flottage acheminait vers l'Océan. Cette exploitation fut désastreuse pour la région pyrénéenne. Tels les malgaches qui, pour avoir une planche, coupent un arbre ; tels les pyrénéens qui « pour faire un sabot abattaient un hêtre ; pour une solive, un sapin » ; pour mâter un navire des flottes royales, les traitants de la marine saccageaient la forêt qui avait échappé aux forges catalanes ; pâtres français et espagnols lui donnaient le coup de grâce.

Dans les Pyrénées plus que dans les autres montagnes françaises, les lois « libératrices » du 28 septembre 1791 et du 10 juin 1793 sanctionnèrent la ruée du montagnard, en quête d' « intérêts personnels et immédiats », sur tout ce qui pousse et vit à la surface du sol, sans maître, ni culture. Le bulletin de vote acquis plus tard par le berger, acheva d'inféoder à son troupeau le domaine sylvo-pastoral du pays : il en est resté maître absolu jusqu'au jour où, comme à Châtillon-le-Désert, à Chaudun, à Mariaud, à Bédejun, dans la haute Ariège et sur bien d'autres terres, mortes par son fait, il dut capituler devant son œuvre et fuir avec le dernier de ses moutons aussi affamé que lui.

Au XIXᵉ siècle, les *combustibles minéraux* que les combustibles *liquides* commencent à concurrencer d'une façon très appréciable aujourd'hui, sont devenus partout d'un usage courant ; mais leur recherche exalte singulièrement la valeur de la matière ligneuse raréfiée, difficile à conserver, encombrante, trois fois moins riche en calories : ils finissent par la supplanter, sauf en montagne. La consommation de la houille noire croît sans cesse. En France, elle passe de 5 millions de tonnes en 1893, à 9 millions et demi de tonnes en 1907, doublant en quatorze ans. Pour extraire une tonne de houille, il faut 25 décimètres cubes, soit 17 à 19 kilogrammes de bois. Dans nos houillères françaises, les frais de boisage s'élèvent à o fr. 80 par tonne extraite. La raréfaction du bois menace très prochainement l'extraction de la houille et par suite l'industrie sidérurgique. Belges, Anglais, Allemands de plus en plus rationnés en matière ligneuse, organisent sur une grande échelle la traite de nos forêts françaises. Les charbonnages belges qui viennent acheter des bois jusqu'en haute Bourgogne, consomment actuellement par an 1 million de mètres cubes de bois évalué à 23 millions de francs. Les houillères de Saint-Etienne consomment annuellement 170.000 mètres cubes de bois correspondant à la production de 50.000 hectares de forêts parfaitement aménagées (P. Vessiot). Les forêts de la haute Loire et du haut Allier ne suffisent plus à les approvisionner.

La production annuelle du *fer* n'a cessé d'augmenter au cours du xixe siècle. Aux Etats-Unis, elle atteint 16 millions de tonnes ; en Allemagne (y compris le Luxembourg), elle est de 8 millions de tonnes. En Angleterre, elle végète, dit-on, par suite de l'épuisement des gisements, avec un chiffre de 7 millions de tonnes.

En France, avant 1880, la production ne dépassait pas 800.000 tonnes ; mais, depuis l'exploitation des puissants gisements lorrains, et la déphosphoration de la fonte par le procédé Thomas auquel l'agriculture doit ses précieuses scories, un incomparable essor a été donné à notre sidérurgie qui a produit 2 millions de tonnes en 1904 et 2 millions et demi en 1905. La valeur de certaines fontes a augmenté de près de 25 pour 100 dans ces trois dernières années. La France devient exportatrice de fontes, mais à condition d'avoir de la houille, par suite du bois, par suite de l'eau dans nos rivières et nos canaux, « chemins qui marchent ». D'où, une des causes de la participation persistante des forestiers français aux discussions que, pendant six années consécutives, la Société d'Etudes du Sud-Ouest Navigable, fondée à Bordeaux, a suscitées en France. Ils remplissaient ainsi spontanément une tâche professionnelle, aussi bien qu'un devoir social ; et c'était une occasion unique pour faire discuter les questions sylvo-pastorales : ceux qui l'ont saisie ne peuvent que se féliciter du résultat de leur initiative.

Pour écrire, pour propager et défendre « l'idée », il faut plus que jamais du bois, de la cellulose, du *papier*, matière de prix encore au temps de Colbert.

En 1904, il existait 2.780 fabriques produisant 46 millions de quintaux de pâte-de-bois évalués à la somme de 2 milliards. Le capital engagé était de 5 milliards. La France importe actuellement 286 millions de kilogrammes de pâte de bois, en sus des 400 millions de kilogrammes qu'elle fabrique. Aux Etats-Unis, où l'on est à court de pâte de bois, l'industrie de la « Réclame, de l'Affiche » demande la cellulose à la paille de céréales, sans souci des répercussions que cette nouvelle « rapine culturale » aura nécessairement sur la fertilité du sol. Dans la Steppe, le moujick qui n'a plus de forêts, chauffe son isba avec ses pailles, mais il exploite un sol des plus fertiles ; il n'en est pas de même dans le Far-West.

En présence du « rush universel » à la matière ligneuse, qui fera défaut dans le monde au cours du xxe siècle (A. Mélard), et dont la production exige la durée de plusieurs existences humaines, on peut croire que, mieux avisés que ne l'était Colbert, protecteur simultané de la forêt et du mouton, nous cherchons aujourd'hui en France à restreindre les ravages sylvo-pastoraux de ce dernier. Loin de là et bien plus, par des mesures fiscales contre lesquelles aucun argument ne prévaut jusqu'ici, « qui sont une prime à la réalisation du matériel, à la dévastation » (C. Broilliard), nous accentuons l'exode de nos produits ligneux, devenus matériel de guerre plus précieux qu'ils ne le furent jadis, quand l'édification des flottes recouraient presque à eux seuls. Périssent aujourd'hui nos forêts... comme jadis nos colonies ?

De 1897 à 1907, la moyenne de nos importations en *gros bois*, les plus rares, les plus utiles, les plus « valorisés », atteint 165 millions de tonnes ; celle de nos exportations en même bois, 50 millions de tonnes seulement. De 1906 à 1907, par suite de la réalisation hâtive de forêts particulières déterminée par des appréhensions fiscales, nos exportations ligneuses ont crû subitement de 19 millions de francs. Cette reprise n'est pour la fortune du pays, qu'une victoire à la Pyrrhus. Où trouver aujourd'hui des reboiseurs bénévoles, alors qu'on leur refuse avec une obstination farouche les exonérations fiscales que depuis frimaire an VII, le législateur avisé leur avait toujours accordées ?

Un fait économique fort heureux pour nos montagnes, ressort des statistiques agricoles du bétail en France, c'est la *diminution constante des moutons* qui, de 32 millions en 1840, tombent par réductions successives à 18 millions en 1904. Par contre, et très heureusement aussi, le nombre des bovins ne cesse de croître et passe de 12.800.000 en 1862 à 13.700 000 en 1892. Les statistiques des animaux de boucherie confirment ces faits.

Dans les Pyrénées françaises, le nombre des moutons a décru de 43 pour 100 depuis 1852. Le nombre des bovins a faiblement augmenté sur l'ensemble, mais a nettement diminué dans certains départements (P. Descombes).

Ces transformations pastorales s'accusent aussi très nettement sur un territoire montagneux voisin. La Suisse, d'après F. de Tschudi, possédait en 1859, 850.000 bovins et 469.000 ovins, tandis que les statistiques fédérales de 1906 accusent 1.497.904 bovins et 209.242 ovins. Les nombres d'existants doublent ou se réduisent presque de moitié en cinquante ans, suivant qu'il s'agit de bœufs ou de moutons. Parallèlement, la population de la Suisse a progressé de 2.392.740 à 3.525.266 habitants.

Sauf en Angleterre, et pour les raisons que nous indiquerons ci-après, ces faits sont universels et affectent même les *pays neufs;* il est intéressant d'en étudier sommairement les causes.

La **laine** est le principal produit du mouton. C'est certainement une des plus merveilleuses et utiles conquêtes réalisées sur la nature, si l'on songe aux efforts millénaires, aux croisements instinctifs, aux sélections conscientes, aux dépaysements, aux adaptations à grande envergure, opérés du Niger à l'Atlas, à la Méséta, aux Highlands d'Ecosse, par les Berbers, Arabes, Maures, Latins, Anglo-Saxons, pour amener le revêtement du mouton sauvage, resté pileux et ras dans l'Afrique centrale, la laine des mérinos, lincolns, costwolds, southdowns, dishleys, à devenir la longue, épaisse et soyeuse toison du mouton qui exploite les alpages néo-zélandais aujourd'hui.

L'Australie est le premier pays du monde pour la production de la laine qui forme la moitié de ses exportations. Sur une production mondiale de 994.335 tonnes, l'Australasie, les îles Falkland, l'Argentine, le Cap fournissent 502.277 tonnes au vieux monde, plus de moitié.

En France, sauf pour les lainages massifs, cadis, bures, droguets, serges dont Colbert put être si fier jadis; pour les draps militaires, couvertures, tricots, chaussures, la production nationale que dirigent les caprices de la mode, ne fournit que 15 pour 100 des tissus laineux et reste par suite entièrement subordonnée à la consommation des laines importées. Pour parer au déficit des 215 millions de kilogrammes que l'étranger nous fournit, il faudrait élever 70 millions de moutons en sus des nôtres et sans être assurés d'en écouler les laines, malgré les progrès réalisés par nos éleveurs pour lesquels la laine constitue généralement un bénéfice net (E. Dupont).

Au fur et à mesure que s'est réduite notre production nationale lainière, les importations de laines étrangères ont vite augmenté et facilement comblé le déficit de nos laines moins recherchées :

En 1885, nous produisions 47.000 tonnes et nous importions 185.000 tonnes de laines.

En 1902, nous produisions 25.000 tonnes et nous importions 235.000 tonnes de laines.

Lors de la guerre russo-japonaise, l'industrie française des gros draps à reçu un « coup de fouet », mais elle est retombée dans le marasme. A. Young estimait que les laines françaises valaient à son époque de 36 à 5o francs le quintal. Au siècle dernier, les laines en suint du Midi n'ont pas dépassé 25o francs les 100 kilogrammes ; en 1817, 1854, 1873, 1906, les belles laines languedociennes ont atteint 200 francs. Leur valeur actuelle est souvent au-dessous de ce chiffre.

Les laines des Pyrénées vantées jadis et dont l'exploitation eut avec celle des mâts de navires une si grande part dans la ruine des forêts montagneuses (Cᵗᵉ de Roquette-Buisson) ne sont pas utilisées dans les tissus si renommés fabriqués à Bagnères-de-Bigorre ; on y emploie des laines australasiennes ou argentines filées en Flandre, ouvrées avec des machines allemandes que dirigent des contremaîtres allemands.

A Béjar, au pays du mérinos, la crise des « draps militaires » a dépeuplé la région dont la population est tombée en trente ans de 19.000 à 9.000 habitants (A. Marvaux).

Deux causes seules pourraient relever les prix de la laine française, une grande guerre ou une longue crise cotonière !

Au cours du siècle dernier, la **laine** a trouvé dans le **coton**, qui la menaçait depuis longtemps, un formidable adversaire ; la production cotonière mondiale a passé de 1.500.000 à 20 millions de balles. Le coton est spontané dans les régions chaudes du globe. Sa culture primitivement localisée dans l'Amérique du Nord et aux Indes, s'est étendue dans l'Amérique du Sud, au Pérou, au Brésil, au Mexique, en Egypte, en Corée, en Chine, dans le Turkestan, à Tahiti, en Nouvelle Calédonie, aux îles Gambier... Elle se multipliera dans toute la zone intertropicale où l'irrigation sera possible.

C'est pour développer les cultures du coton et de la canne à sucre que filateurs et raffineurs anglais ont barré le Nil à Assouan et qu'ils projettent d'y accroître les aménagements d'eau (W. Willcoks, conférence au Caire, 25 janvier 1908). Tous les efforts de la politique anglaise au Soudan, tendent à y implanter la culture du coton par l'irrigation. C'est l'objectif du coton, patiemment et énergiquement suivi, qui a évincé la France de l'Egypte ; puissent au moins les montagnes françaises bénéficier de cette défaite économique.

Au Congo français, à Madagascar, l'introduction récente des tissus européens, a momentanément restreint la production cotonière (H. Lecomte), mais elle y subsiste « en puissance », n'attendant que des initiatives, des capitaux... et des irrigations, pour s'épanouir (H. Lorin, L. Le Barbier).

En Algérie, la plaine du Chélif, une partie de l'Oranie sont terres à coton. Des cultivateurs encore peu exercés réalisent déjà des bénéfices de 400 à 600 fr. par hectare (Dr Trabut), dans ce pays lainier où, de 1883 à 1887, près de 5 millions de moutons, la plupart transhumants, furent exterminés par la sécheresse.

Aux Indes, l'industrie lainière reste bloquée par le coton avec une production stagnante de 5 à 6 millions de francs. Les importations de tissus laineux ont décru de 51 millions à 33 millions de francs, de 1904 à 1906.

En Italie, la production de la laine a décliné de 120.000 à 90.000 quintaux de 1886 à 1906; la production des tissages, filatures et imprimeries de coton qui n'était que de 185 millions de livres en 1885, atteignit 400 millions de livres en 1904 (E. Giretti).

L'Allemagne, productrice de laines et où l'industrie du coton a pris un essor considérable, exporte annuellement pour 450 millions d'étoffes de coton contre 375 millions d'étoffes de laines : le nombre des manufactures de coton y a quintuplé depuis cinquante ans. On estime que dans le dernier tiers du XIXe siècle, la consommation du coton par tête d'habitant y a triplé (Lichtemberger). Le chiffre total de l'industrie cotonnière allemande est actuellement de 1 milliard 54 millions et demi de francs.

Les exportations de laine diminuent en Chine ; sauf sur les hauts plateaux, la laine y est délaissée. Le Céleste Empire devient un grand pays cotonier. En 1906, il exportait pour 43 millions de francs de coton brut et importait pour 565 millions de tissus de coton (P. Clerget).

En 1907, l'Argentine qui, après l'Australie, fournit une bonne partie des laines utilisées dans le monde, a exporté 7 millions de kilogrammes de coton cultivé sur 4.644 hectares : c'est une entrée en scène.

Dans l'Australie septentrionale, l'avenir du coton, comme celui de la canne à sucre, est lié aux mesures politiques d'exclusion prises en 1904 contre les Noirs : les Blancs cultivent difficilement ces plantes tropicales (A. Uhry).

Depuis 1871, les importations de coton ont passé :

A Brême, de 316.000 balles à 2.000.000 de balles,
Au Havre, de 480.000 — 800.000 —
A Dunkerque, de 7.000 — 220.000 —

Liverpool, le grand centre européen d'importation du coton, recevait 3.500.000 balles en 1905 et 4.393.400 balles en 1906. En 1906, on estimait à 21.744.000.000 mètres carrés, la production annuelle mondiale en tissus de coton (R. Pupin), la superficie de 4 ou 5 départements français.

Notre industrie lainière elle-même, jadis si prospère en Flandre, agonise devant la concurrence « victorieuse » du coton (A. Aftalion).

« De tous les textiles connus, le coton est celui dont l'usage est le plus répandu aujourd'hui. Ni la soie, ni la laine, ni le lin, ni le chanvre ne sont susceptibles d'une telle multiplicité ni d'une telle variété d'emplois, ne se prêtent à la fabrication de tissus joignant autant de solidité et de finesse à autant de bon marché, ne donnent lieu, enfin, à des transactions aussi importantes » (F. C. Roux).

Saluons donc ce Roi-Coton, comme l'ont appelé les Américains, qui va tenir le monde sous son sceptre. Sans doute, son empire ne grandira pas sans conflits, tel celui qui s'est produit en Egypte en 1900 (J. Brunhes) ; l'étatisation progressive de l'irrigation ne peut que les multiplier. Mais pour nos montagnes françaises où l'élevage extensif du mouton est devenu si désastreux, l'avènement de ce monarque aux allures essentiellement démocratiques, est une chance inespérée de salut : il faut précipiter l'échec qu'il fait à la laine... pendant que nous avons encore des montagnards !

La **viande** du mouton est succulente. Celle du transhumant se défend-elle mieux contre celle des autres animaux de boucherie que la laine contre le coton ? Du début et jusqu'au milieu du xix° siècle, le prix des viandes de mouton et de bœuf s'est élevé presque parallèlement, en raison du progrès de la consommation. A Paris, ces prix ont doublé depuis 1820. Mais on ne saurait en conclure qu'en France où l'élevage du mouton décroît, la consommation de la viande de cet animal ait plus augmenté que celle du bœuf dont l'élevage progresse : les statistiques d'abattoirs, comme nous l'avons vu, indiquent le contraire.

L'élevage du porc s'est très développé en Europe : il a augmenté en France de 1.400.000 têtes de 1862 à 1892 : indice du développement de la culture intensive. En Belgique, on calcule que pour 1.000 habitants, la consommation de viande de cheval a passé de 2,9 à 4,7 chevaux, de 1895 à 1906 (A. Grégoire). Les boucheries hippophagiques ont pris en France comme partout, une extension considérable, au cours de ces dernières années.

Nous importons annuellement 1.500.000 moutons, presque autant qu'il en transhume sur nos terres pauvres. Les « Pays du mouton », Maroc, Algérie, Tunisie, Syrie, Balkans, Russie et Allemagne nous les envoient vivants, périodiquement et à bon compte : l'Algérie à elle seule, nous en fournit 700.000. En 1906, sans compter les importations des Etats-Unis, de Sydney, Melbourne et autres pays où l'on sut mieux qu'en France exploiter les procédés frigorifiques de notre compatriote Charles Tellier, le seul port de Buenos-Ayres importait en Europe 3.673.778 moutons frigorifiés ; l'Argentine entière exportait 172.687 tonnes de viandes gelées ou séchées.

Les envois annuels de viandes que l'Europe reçoit de l'Argentine s'élèvent à 160 millions de francs ; les Etats-Unis et la Nouvelle-Zélande lui fournissent respectivement pour 150 et 125 millions de francs. De 1902 à 1907, les importations en Angleterre de bœufs et moutons congelés ont monté de 383.128 à 564.666 têtes.

Les conditions d'approvisionnement, d'alimentation, de chauffage de notre pays se sont profondément modifiées et améliorées depuis l'époque où le mouton français seul fournissait à nos populations des matières de première nécessité et où, par suite, on pouvait se croire autorisé à lui abandonner presque notre domaine sylvo-pastoral.

La tonne de laine qui, au temps de Colbert, payait 440 francs pour aller de Bilbao à Nantes, paye actuellement 20 francs et quelquefois 15, pour aller d'Australie à Liverpool (G. d'Avenel), et la laine néo-zélandaise est beaucoup plus recherchée que celle du mérinos. Aujourd'hui, la France ne saurait périr faute de moutons : c'est d'en avoir eu trop, et d'en conserver trop encore en haute montagne, que pâtissent ses populations pastorales, trop enclines à faire manger leur blé en herbe. Si les autres paysans français n'ont encore que rarement la poule-au-pot, ils peuvent y suppléer journellement avec les produits d'un élevage, d'une culture et d'un outillage qui ne cessent de progresser.

L'honorable député rapporteur du budget de l'Agriculture en 1909, établit, et nous n'avons pas de peine à le croire, que la situation de l'élevage n'a jamais été plus prospère en France (Page 5 du Rapport).

Notre pays, qui « consomme trop d'animaux jeunes, pourrait exporter du bétail dans toute l'Europe, à condition que les frontières des différents pays nous soient ouvertes » (Rollin, 1908).

En ce qui concerne le mouton, l'effort des éleveurs français se fait à juste titre en vue de la masse et de la qualité du type et non de l'accroissement du nombre des animaux ; en vue du minimum de travail et par conséquent de déplacement à leur imposer. On cherche à produire l'agneau de 20 kilogrammes, gras, râblé ne donnant que 1 kilogramme de laine en une seule tonte, toutes conditions irréalisables avec la pratique de la transhumance. La « masse » de l'animal de boucherie mesure l'intensité de la culture et de l'*enracinement* de l'éleveur.

Au point de vue de la **peausserie**, il ne semble pas que nos industries nationales puissent péricliter par suite de la réduction des moutons. Avec les laines étrangères, nous arrivent à bon compte peaux de moutons et d'agneaux. Ce sont aussi la Suisse, l'Italie, l'Espagne et le Tyrol qui, fort heureusement pour nos montagnes, approvisionnent traditionnellement de peaux de chevreaux l'industrie gantière si prospère en France.

En ce qui concerne les **suifs**, ceux de moutons, de bœufs, d'ânes, de mulets, de chèvres, de boucs et autres animaux peu comestibles, sains ou non, provenant d'abattoirs ou de champ d'équarrissage, sont mélangés avec bien d'autres matières grasses, et indistinctement fondus. Ils sortent de l'usine prestigieusement épurés, transformés en beurres, graisses, margarines, végétalines appétissantes dont il n'est plus possible de nier l'utilité domestique. D'ailleurs, s'il est une lumière qu'on puisse féliciter la science d'avoir éteinte... et remplacée, c'est bien celle de la fumeuse et nauséabonde chandelle d'antan, qui, par ses mèches, fut une propagatrice du coton dans le vieux monde ; nos pères la payaient 2 fr. 5o à 3 francs le kilogramme, à des tarifs rigoureusement taxés, la vente du suif étant réglementée. La chandelle de cire, le cierge, était un objet de grand luxe dont on n'usait que dans des circonstances solennelles : il coûtait de 10 à 20 francs le kilogramme au xiiie siècle et encore près de 10 francs du xviie au xviiie siècle. Dans quinze ou vingt ans, il en sera de la bougie, comme de la chandelle aujourd'hui.

En 1906-1907, l'Uruguay exportait en Europe 82.249 balles de laine, dont la France achetait 31.145. En même temps, le même pays exportait 6.425 tonnes de suif, mais la France ne lui en achetait que 58 tonnes. Un pays d'élevage intensif, de gros bétail, d'oliveraies, d'œillette, de colza, n'est pas importateur de suif.

L'industrie **laitière et fromagère** se défend d'elle-même contre le nomadisme et les grands parcours de la transhumance. Pendant de longs jours, parfois des semaines, les fatigues d'une épuisante odyssée harassent les brebis qui, dépaysées, ne restent plus bonnes laitières. Le pasteur, le « bon » pasteur qui se fait de plus en plus rare (E. Boulet), s'alimente avec le lait de quelques chèvres plus rustiques qui transhument avec le troupeau. Ce n'est qu'exceptionnellement, dans certaines basses vallées pyrénéennes, qu'il fabrique mal un fromage peu recherché. Partout le lait de la vache distance celui de la brebis : à Roquefort même, où la transhumance du mouton paraît moins dévastatrice qu'ailleurs, le mélange des laits est d'un usage courant (H. Marre).

Le **fumier** de mouton est très recherché par la culture : c'est le seul engrais dont puissent bénéficier les alpages.

Dans les plaines basses, peu accidentées, ce fumier très riche, enfoui par le piétinement du troupeau, métamorphose à la longue la couverture herbacée du sol et fait d'une steppe un pâturage ; c'est tout autre chose en haute montagne où le piétinement et l'intempérisme combinés détruisent le sol plus vite qu'il ne peut être amélioré. « Déminéralisé » et ulcéré en même temps, il disparaît, en proie à l'érosion. D'ailleurs, comme le transhumant dissémine une bonne partie de son fumier dans les fossés et la poussière des routes, ou sur des pentes dénudées et ruisselantes; comme le berger en fait partout commerce avec les cultivateurs des vallées et même des basses plaines où il l'expédie par voie ferrée, quand il ne le fait pas véhiculer par l'eau des canaux d'arrosage, au plus grand dommage de l'hygiène publique; comme ailleurs, le montagnard qui n'a plus de bois, se chauffe avec ces fumiers piétinés et séchés, il est inutile de chercher à mettre cette ressource naturelle à l'actif de la culture du sol montagneux, actuellement du moins.

Cet aperçu met suffisamment en évidence non seulement les causes immédiates et lointaines, du déclin de l'élevage extensif du mouton dans les montagnes françaises, mais les motifs, on peut dire d'*ordre public*, qui commandent d'y précipiter l'agonie née et actuelle de la transhumance. Déjà, à la fin du xviiie siècle, Arthur Young qui, comme ses devanciers, ne voyait dans nos forêts montagneuses qu'un gisement de combustible précieux pour un sol pauvrement doté de houillères exploitables, estimait que, « dans tout le royaume, l'administration des moutons est la plus détestable qui se puisse imaginer ». Depuis lui, ladite « administration » n'a fait qu'empirer dans nos montagnes, une fois de plus exploitées par les plaines; alors, que depuis des siècles, la transhumance exploite les unes et les autres.

L'évolution souhaitée est en cours un peu partout; devant les caprices de la mode et l'invasion du coton régressent les tissus laineux, jadis de première nécessité.

Depuis dix ans, la quantité de laine annuellement utilisée par l'industrie, oscille autour de 1 million de tonnes. En Europe, où se fait la plus grande consommation de laine, la production reste constante (P. Clerget). Nos tissages manquent d'ordre livrables à longue échéance, parce que le *tissu classique* de laine disparaît (E. Rouland).

Depuis dix ans, en ce qui concerne les tissus de coton : la consommation a passé de 12.117 à 15.743 mille balles de 500 livres, la production a passé de 15.959 à 21.796 mille balles de 500 livres ; la production toujours croissante, en Europe comme aux Etats-Unis, stimule partout la consommation (P.-C. Roux).

Mais une des causes les plus perceptibles de cette évolution est certainement le développement de la *culture intensive* dans les pays neufs où, chassées par la faim de leurs moutons, vont s'échouer aujourd'hui nos populations montagneuses. •

En Argentine, où en 1906, on élevait 120 millions de moutons et 30 millions de bœufs, la « luzerne rédemptrice » qui, grâce à son profond enracinement, survit aux autres plantes fourragères tuées par l'aridité, a décuplé la production du sol. En 1905, elle occupait 700.000 hectares; en 1906, elle couvre 2 millions d'hectares et ce n'est qu'un début! Le prix actuel d'une lieue carrée de luzernière est de 100.000 francs : on peut y engraisser en 1 an 4.500 bœufs, de race ordinaire, qui se vendent 200.000 francs, donnant du 100 pour 100 : avec des races choisies, les bénéfices s'élèvent. En 1888, la culture occupait les 0,008 pour 100 des 300 millions d'hectares du territoire argentin; elle en occupe aujourd'hui 5 pour 100. La luzerne envahit la pampas, la culture dépossède l'élevage extensif. Bœufs et chevaux expulsent le mouton, comme le gaucho jadis déposséda le patagon.

Les mêmes faits se passent au Cap, où le boër cultivateur évinça le cafre pasteur. En Australie, il y a cinquante ans, le squatter dépossédait le maori; aujourd'hui, c'est le « farmer » qui expulse le squatter et ses moutons (O. Métin) : déchu aussi par la luzerne, ce dernier se trouve relégué dans le désert aride et inirrigable. L'hectare de luzernière irrigué produit de 20.000 à 30.000 kilogrammes de fourrage vert qui atteint 1 mètre à 1 m. 20 de hauteur et peut nourrir 187 moutons (P. Privat-Deschanel).

En 1901, le troupeau australien comptait 104.756.950 moutons, qui se trouvèrent réduits à 54 millions en 1906 : la sécheresse de 1903 en extermina 73 millions, dont les peaux et laines avariées allèrent encombrer le monde entier : en même temps le nombre des bœufs se trouvait réduit de 11 millions à 7 millions.

Aujourd'hui, le manque d'eau, accrû par la dénudation systématique, la pratique généralisée du « ring barking » le « rabbit pest », le fléau du lapin, celui des sauterelles, ralentissent l'éviction des ovins. Elle sera consommée, si les hydrauliciens qui, comme en Espagne, ont inauguré la Politique de l'Eau, réussissent à pourvoir de ce précieux liquide, le Murray, le Darling, à devenir pour ces mançanarés, des William Wilcooks.

Dans le Far-West, où le Cow-boy a brutalement exterminé le Peau-Rouge, où paraît faillir devant l'aridité, la luzerne qui se dresse « si menaçante pour le domaine du Roi-Coton », le pionnier recourt bien plus à d'ingénieuses « cultures à sec » qu'à « l'inondation vivante » du mouton, pour intensifier les rendements du sol. On sait, d'ailleurs, par quelles mesures draconiennes les Etats-Unis défendent aujourd'hui leurs forêts toujours si menacées par les éleveurs de moutons et les fabricants de pâte-de-bois.

Sur les sables qui avoisinent le « Toît du monde », l'élevage du mouton kirghyze décline devant le flot de l'émigration russe, devant le coton. Au lieu de persister à exporter des laines et des peaux de mouton, la Sibérie, où s'organise la culture, exporte des beurres et des laitages ; le Japon, des fruits frigorifiés. La Chine est à la veille de nous envoyer des porcs congelés.

Partout, « l'agriculture perd sa forme extensive : ancien domaine banal, libre parcours des communaux, droits de glandage... rentrent dans l'oubli... L'antique forme pastorale diminue sous l'envahissement de la grande culture, de *la spécialisation dans la production* » (R. Olry).

Au « pays du mouton » lui-même, où l'arabe nomade, pasteur et pillard, céda devant l'enracinement du kabyle, « le principe auquel il faut s'attacher aujourd'hui, pour résoudre les difficultés qui peuvent surgir entre les agriculteurs et les pasteurs, est qu'on doit toujours préférer les intérêts de la forêt à ceux des pasteurs, et le plus souvent les intérêts de l'agriculture à ceux de l'élevage extensif » (A. Bernard et N. Lacroix).

Dans l'Allemagne orientale, la colonisation néo-prussienne organisée depuis vingt ans, simultanément contre le régime latifundiaire et l'esprit slave, provoque la disparition du mouton supplanté par le bœuf et le porc des « Kleinbauern » (L. von Wiese).

En Italie, en Autriche, en Suisse, et sur d'autres territoires montagneux d'Europe, on signale cette régression du pastorat extensif.

En Angleterre, où du reste un ensemble de conditions géographiques rend le fait pastoral moins dommageable au sol, sinon à son occupant, l'évolution est moins accentuée : de 1906 à 1907, le nombre des moutons a même augmenté de 26.115.000 à 27.037 000. Mais à cela, il est des causes multiples et bien connues. La spéculation sur les laines est intense : le troupeau autochtone est le « volant » de l'industrie lainière. Pour satisfaire l'appétit anglais très amateur de viande, la boucherie recherche les « gros » moutons : l'élevage qui ne demande pas beaucoup de travail aux bœufs, les produit de taille moyenne (M. Vacher). Enfin, et surtout, l'extension contemporaine du régime latifundiaire, laisse dénudés et incultes d'immenses territoires de chasses et des plaisances qui sont encore abandonnés aux moutons (M. Hardy). Délaissement du sol, absentéisme, « pleasure grounds », régime des « substitutions », des « inclosures », furent, au siècle dernier, prétextes aux évictions du « bétail humain », justement stigmatisées par Sismondi, de Laveleye, Leroy-Beaulieu, Gonnard et bien d'autres. Les efforts constants de la Land League, l'Irish Land Act de 1881, le Crofter bill de 1885 et autres instruments législatifs plus récents, dont le dernier est le « Small Holding and Allotments Act de 1907 », la « loi des petites tenures », réagissent contre le déracinement

du paysan, de l'highlander, en reconstituant la race agricole, travailleuse
et stable des anciens yeomens, des crofters que la gentry et les landlords
dépossédèrent ou évincèrent si longtemps du sol britannique. C'est un
acheminement à la revanche du bovin contre l'ovin [1].

IV

Aujourd'hui, c'est moins du feu que de l'eau ; c'est moins l'énergie qui
bruit, étincelle et vibre, que l'énergie silencieuse invisible et calme,
l'énergie physiologique, « la vie commencée » qu'on doit surtout demander
aux territoires sylvo-pastoraux des montagnes. C'est dans leur verte armature, à la source d'eaux qui peuvent être, au gré de l'homme, vivifiantes
ou dévastatrices, que se trouvent les « régions nobles » du sol, celles
dont la dégradation anéantit fatalement l'énergie organique de ce dernier.

Mieux que la Houille blanche de Cavour, de Bergès, de tous les exploi-
tants d'une force vive « qui a ouvert des horizons par delà les vieux édi-
fices »(E.-F. Côte), la Houille verte des bois et des alpages associe l'homme
à la Terre et l'y enracine. Chacune d'elles concourt bien à « faire le pain et
la viande moins chers » (Lucion), mais la Houille verte travaille partout
à meilleur compte : ses gisements peuvent être disséminés presque à l'in-
fini ; les éléments de son énergie, azote, matière hydro-carbonée, bactéries
et autres germes innombrables se régénèrent spontanément sans dégradations perceptibles, aux sources intarissables de l'atmosphère.

Avec elles, d'autres énergies économiques inconnues jadis, la vapeur,
l'électricité, le froid industriel, l'aviation peut-être, ouvrent l'avenir au
peuple qui saura le mieux tirer parti des conditions géographiques de son
sol, y enraciner les populations, les adapter à ses nécessités culturales.

Il faut savoir *cultiver son jardin*, ce jardin que Candide, après de folles
aventures courues au pays d'Eldorado, sur un char attelé de moutons
enchantés, regrettait de n'avoir pas su cultiver plus tôt.

Gardons nos montagnards, nous ne les remplacerons jamais ! Eux
seuls sont adaptés à la mise en valeur, à la garde de nos montagnes,
réservoirs d'énergie pour nos plaines.

[1] Le 22 novembre, 5 décembre 1908, la Douma a aboli à une forte majorité,
l'ancien communisme agraire du « mir », et l'indivision familiale des terres
(*Revue Bleue*, M. Kovalewsky, 2 janvier 1909). Cette Révolution culturale et
sociale, une des plus considérables qui aient été réalisées, aura pour effets certains de précipiter l'évolution de la culture et de l'élevage intensif en Russie,
et d'y fixer au sol, au moins pour un temps, une bonne partie de la population
paysanne devenue si instable aujourd'hui.

A diverses reprises, le Parlement parut surpris que le crédit annuel affecté à la restauration de nos terres montagneuses, n'ait pas été intégralement employé. Puisse-t-il en être souvent ainsi, tant que cette restauration procèdera de la *nationalisation* d'un sol laissé en proie à tous les abus ; et puisse l'Etat ne plus s'exploiter lui-même, à l'avenir, en tendant des pièges à nos montagnards !

Le danger économique, l'écueil social aujourd'hui, ce n'est plus la hantise d'une surpopulation rurale, qu'Arthur Young et Malthus redoutèrent tant jadis, comme Ricardo et Stuart Mill redoutaient la famine ; l'ennemi universel pour le vieux monde, c'est l'entassement urbain avec le cortège de misères auxquelles on cherche à remédier partout : c'est pis encore pour notre pays aux prises avec la faible natalité, avec une troublante dépopulation qui, au cours du siècle, ne doit pas faire perdre à la France moins de 5 à 6 millions de français (P. Leroy-Beaulieu).

Mieux vaut ne plus provoquer l'exode croissant des Pyrénéens, Alpins, Caussenards et Gascons, que de prêcher un Retour à la Terre illusoire à ces hallucinés, quand leur déracinement est devenu irrémédiable. Quelle voix assez décisive, assez puissante pour franchir l'Océan, les déterminerait alors à venir rallumer des foyers sur les terres mortes de France ?

Lyon. — Imprimerie A. Rey et Cⁱᵉ, 4, rue Gentil. — 50655

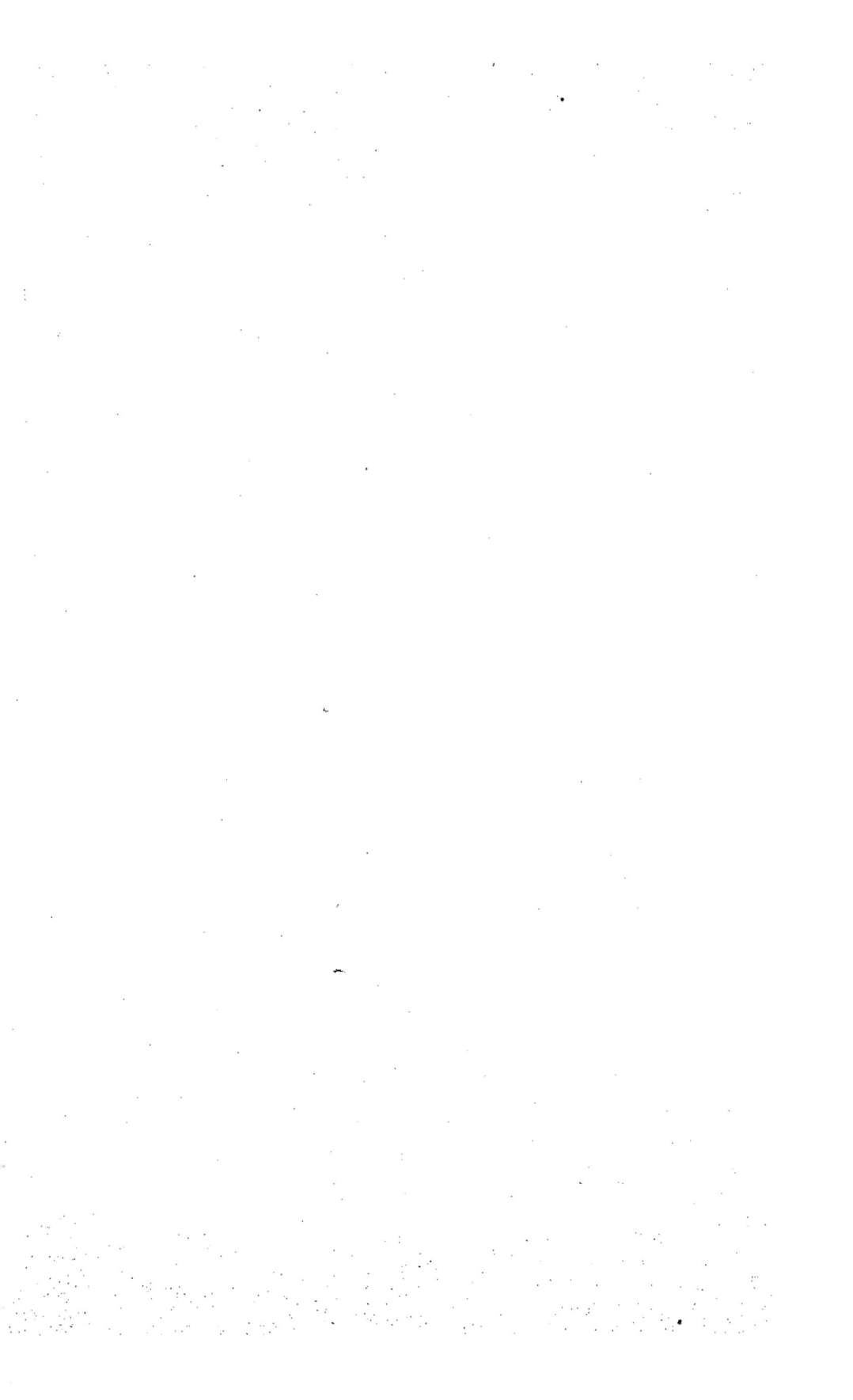

BIBLIOTHEQUE NATIONALE DE FRANCE

3 7531 04125552 3

www.ingramcontent.com/pod-product-compliance
Lightning Source LLC
Chambersburg PA
CBHW071429200326
41520CB00014B/3624